U0673776

ATT LÄRA IN UTE

Naturskoleföreningen

LEKA OCH LÄRA
NATURVETENSKAP
OCH TEKNIK
UTE

FÖRSKOLA OCH ÅK F-3

R Lättman–Masch, M Wejdmark
G Jacobsson, E Persson, A Ekblad

自然教育

幼儿园活动指导手册2

[瑞典]罗伯特·莱特曼-马什等 著

江冬玲 熊韩 宇云 译

中国林业出版社
China Forestry Publishing House

溪谷森林自然教育 北欧营地教育协会 联合策划

图字：01-2022-2898

图书在版编目（CIP）数据

自然教育幼儿园活动指导手册．2／（瑞典）罗伯特·莱特曼-马什等著；江东玲等译． -- 北京 ：中国林业出版社，2022.11

ISBN 978-7-5219-1702-4

Ⅰ．①自… Ⅱ．①罗… ②江… Ⅲ．①自然教育-学前教育-教学参考资料 Ⅳ．① G613.3

中国版本图书馆 CIP 数据核字（2022）第 095091 号

策划编辑　肖　静
责任编辑　肖　静　刘　煜
装帧设计　博苑教育传媒

出　　版　中国林业出版社（100009 北京市西城区德内大街刘海胡同 7 号）
　　　　　http://www.forestry.gov.cn/lycb.html　电话:(010)83143577 83143574
　　　　　E—mail：forestryxj@126.com
发　　行　中国林业出版社
印　　刷　河北京平诚乾印刷有限公司
开　　本　710mm×1000mm　1/16
印　　张　20.5
字　　数　320 千字
版　　次　2022 年 11 月第 1 版
印　　次　2022 年 11 月第 1 次
定　　价　86.00 元

未经许可，不得以任何方式复制或抄袭本书之部分或全部内容。
© 版权所有，侵权必究。

编辑委员会

作　　者：罗伯特·莱特曼 - 马什

　　　　　马特·维德马克

　　　　　古恩·雅克布松

　　　　　伊娃·培尔松

　　　　　安娜·艾克布拉德

翻　　译：江冬玲

　　　　　熊韩（Björn Hansson）

　　　　　宇云

知识审核员：卡琳·尼尔松

　　　　　朵拉·莎乐奈斯

照　　片：如无特殊标注，均为作者本人拍摄

插　　图：丽莎·贝任菲尔特

特别感谢

　　尼奈斯港市和隆德市所有参与了活动测试，贡献了照片，并给书中的活动提出了精巧构思的学前教育学校；

　　马尔默学院的知识审核员卡琳·尼尔松和朵拉·莎乐奈斯；

　　在内容和语言方面贡献了许多绝妙的想法且一直在坚持不懈工作的校对员们；

　　隆德的学前教育老师莎拉·培尔松；

　　虹尼贝格自然教育学校的安苏菲·斯万德松；

　　隆德自然教育学校的安德师·谢乐松；

　　提供了书稿瑞典语的源文件，并给予支持的户外教育机构 Outdoor Teaching；

　　协助校对翻译稿件的苏沛和刘明香。

　　他们给予了很大的帮助！

主要创作人员

罗伯特·莱特曼－马什，本书作者之一，自 2000 年开始任职尼奈斯港自然教育学校的教育者，同时也是生物地理学家，担任自然教育协会的会员报刊《户外学习报》编辑一职十余年。

马特·维德马克，本书作者之一，自然教育者，自 1988 年开始担任尼奈斯港自然教育学校的负责人，同时也是一名中学老师。

古恩·雅克布松，本书作者之一，退休的自然教育者，在隆德自然教育学校工作了 20 年，在户外活动协会有丰富的教育经验。

伊娃·培尔松，本书作者之一，自 2002 年开始在隆德自然教育学校任职自然教育者，同时也是特殊儿童教育者。

安娜·艾克布拉德，本书作者之一，自 2010 年开始在隆德自然教育学校任职自然教育者，2005 年成为数学和科学两门学科的老师，在那之前担任了 20 年的学前教育老师一职。

三位女士：古恩·雅克布松、伊娃·培尔松、安娜·艾克布拉德（从左往右）
两位男士：马特·维德马克和罗伯特·莱特曼－马什（从左往右）

丽莎·贝任菲尔特，本书插画师，佛拉藤地区环境工作坊的生物学家，之前是南泰利耶自然教育学校的教育者，一直活跃于青少年自然环境组织"小小田野生物学家"（Fältbiologerna）中。

江冬玲，本书译者之一，2015 年本科毕业于上海外国语大学瑞典语专业，研究生毕业于奥斯陆大学易卜生研究专业。现居于瑞典首都斯德哥尔摩。

Björn Hansson，中文名熊韩，本书译者之一，瑞典人，乌普萨拉大学中文专业毕业，北京师范大学和中国传媒大学汉语言专业毕业。

宇云，本书译者之一，北欧营地教育协会副主席，华北自然教育网络主席，中国林学会自然教育师培训项目特聘专家讲师。多年来一直推动北欧与中国教育文化交流，并把北欧自然教育理念和资源引进中国。

序言

《自然教育幼儿园活动指导手册2》一书同教育领域中最重要的版块之一——学前教育相关。学前教育的教育者们如何利用户外环境来激发孩子们对自然科学和技术知识的兴趣？这项工作需要哪些工具？如何利用有成效的问题和像科学家一样的工作方法来开发孩子们的学习能力？针对这些问题，书中有一些值得思考且有建设性的处理方法，在不同的活动案例中，孩子们都有机会去感受他们周围的环境，而要创造出体验所需的条件，则是教育者们面临的挑战。

在孩子们的周围存在着许多不同的、可以联系到自然科学和技术知识的现象。比如，把雪放到滑梯上来减小阻力，从而加快滑动速度；或是将冰放到温暖的地方，研究它是如何融化的；还可以观察孩子们吹起的肥皂泡沫上映着的彩虹的颜色。自然科学无处不在，而保护和开发孩子的好奇心、兴趣和参与度，并照顾到他们的想法和疑问，是学前教育工作者的一项重要任务。

日常中的自然科学需要可视化，而要创造出愉快的学习情境，户外环境的研究则很重要。学前教育的孩子们将会自己形成对自然科学以及自然界中的相互联系的理解，比如对动植物、简单的化学过程、物理现象以及简单机械是如何发挥作用的等方面的了解。通过这种方式，学前教育为内容密集型的课程知识打好了基础，这意味着要更加注重学科教育性问题，来激发孩子们对周遭环境中出现的自然现象产生兴趣，并增进理解。对学前教育和之后的义务教育而言，一项很重要的任务是充分激发孩子们的好奇心，但许多研究表明，学前教育和小学低年级的大部分老师不仅学科知识薄弱，而且对于自己能够传授自然科学和技术知识也不够有信心。因此，在学前教育阶段就要开始激发好奇心，培养对自然科学和技术知识积极的态度，这不仅针对孩子们，对教育者也应该如此。

针对我们所面临的挑战，本书给出了一些很有价值的案例，让幼儿园的孩子和老师们都能接触到自然科学和技术。书中描写的学前教育中的自然科学和技术教育不仅关乎学科本身，同时还包括如何激发孩子们天然的探索欲、创造力及对环境的好奇心。

在孩子们发展他们兴趣爱好的过程中，教育者的角色极其重要，这时，学前教育的老师们既需要工具，也需要灵感。我相信对于激发孩子们探索自然科学中的美妙世界的乐趣和兴趣，这本书将会成为教育者们的一个重要的灵感来源。

佩妮拉·尼尔松
瑞典哈尔姆斯塔德学院自然科学教育系教授

前言

《自然教育幼儿园活动指导手册2》一书既面向学前教育，也可以用作学前教育和义务教育之间在生物学、物理学、化学和地球科学等通识教育上的一个承接，在孩子们满六岁准备升学之前，老师们也可以借此书增加和孩子们的交流与联系。

自然科学和技术通常被认为是较难的科目。我们希望这本书能启发教育者们在和孩子们一起面对自然科学和技术知识时，能使孩子们对日常现象产生好奇心，勇于捕捉瞬间，并挑战自己。

这本书中展示了大量的活动，孩子们和教育者都会受到不同程度的挑战。许多活动很贴近日常，且都是瞬间的捕捉，还有一些则是模拟创造出一些教育情境。书中提及的活动都搭配了许多知识小贴士，里面描述的都是活动中孩子们能够体验到的，或是活动涉及的相关学科知识。我们希望本书既能用作指导书，也能用作工具书。

大部分活动都能按不同于书中描写的方式来开展，最后活动进展得如何则由孩子们、教育者们、当下的情境、积累的经验以及地点等综合因素决定。

感谢所有对本书的出版作出过贡献的人。

目录

第一章

环境中的自然科学与技术

一、关于本书

（一）学习自然科学和技术知识的原因

在日常生活中，我们经常接触到自然科学现象和技术。尽管我们不是化学家、物理学家或工程师，但无论年龄大小，我们在这些学科里都有许多的经验和知识。根据定义，自然科学是研究自然界各种物质和现象的科学。本书中自然科学涵盖的领域包含了生物学、物理学、化学和地球科学。书中描述的活动中生物学占据了主导位置，这是由本书面向的读者年龄这一前提条件决定的。所有的生物学都基于化学反应，遵循着物理法则，许多现象都能用心去感受和体会。根据已有的经验，我们知道大家都感觉这些科目比较难学。通过增加知识点小框，我们将不同学科的知识重点提炼了出来，希望对教育工作者能起到支持作用。

技术通常被定义为为了执行期望的任务或满足某个需求而积累起来的有用的知识和经验，我们要看到数学、技术和自然科学之间的联系。数学是一种语言，也是不同的自然科学研究方法共同协作的一个辅助工具。有了数学，我们可以测量、比较和记录我们在自然科学中的发现。技术是根据需求开发出来的，技术的开发可以在没有自然科学辅助的情况下完成，并且之后可以使用自然科学来解释该项技术的工作原理。当然，在自然科学中，许多技术辅助手段也被应用于解决各种自然科学的问题。

小贴士

相关科目

生物学：与生命相关的学习。比如，植物学、动物学、生态学和遗传学。

物理学：与自然相关的学习，从小于原子的成分到整个宇宙以及产生作用的能量。例如，生物物理学、力学、热力学和原子物理学。

化学：对物质的组成、性质和转化的学习。比如，生物化学、环境化学和神经化学。

地球科学：对地球的历史、结构、组成、性质、资源和进程的学习。比如地质学、自然地理学和水文学。

技术学：对技术的学习。比如，结构工程、机械工程和纳米技术。

（二）现象和问题

我们不需要让孩子们理解他们所接触的所有自然现象，因为他们也不会这样做。说到技术，并非要时时都行事正确，而是要敢于犯错。对孩子来说，最重要的是去收集经验，去体验，去着迷，去质疑，去观察，去发现和创造。书中的活动应被看作是有趣的学习情境，让孩子们可以从不同的现象中去总结经验，并解决不同的问题。孩子们一旦有了丰富的感官知识，便能为之后将要面对的大量的理论推理打下扎实的基础。这些体验能让他们将所学的理论知识与以往的经验相互联系起来，或者说将知识"悬挂"在经验的基础上。

（三）在户外创造学习情境

本书中有些活动的描写更详细，更具口语叙述的风格。通过这样的描写，我们想要分享在户外学习情境中捕捉到的瞬间、地点和感受，目的在于重点突出教育者、孩子、对话、故事和学习地点。没有将整本书都按这种风格设计，是出于实际的考虑，不然这本书的内容就过于宽泛了。

书中的活动进行方式可能千差万别，主要取决于教育者是谁，活动如何被引出，参与活动的孩子是谁，孩子们当天聊了些什么，以及地点看起来如何等。我们希望本书中对学习情境的描写能激发他人的灵感，最终使他们成为户外学习中的"导演"。

（四）将自然拟人化

在本书中，我们有时会将植物、动物或某种现象拟人化。不过，正如苏珊娜·屠林在 2011 年发表的论文《教师的言语与儿童的好奇心》中所写，我们也意识到了太过频繁，或是未经思考地使用拟人化的方法是有弊的。我们在本书中使用拟人化的目的在于：

——展现某些功能；

展现差异，强调物种知识；

——借助想象力和故事来引导活动的开展。

举个例子，当我们谈论有"外衣"的嫩芽和鸟儿时，我们其实是在展现功能。在这两种情境里，"外衣"均被这些生物用于防风抗寒和防止脱水。

将羽毛、羽绒和芽鳞同人类的衣物关联在一起，是联系到儿童日常生活和经历的一种方式。他们通常都经历过风吹和寒冷，所以他们也了解衣服的功能。将植物嫩芽的鳞片称为衣服，便是向孩子们解释芽鳞是保护芽内组织免受寒冷和风吹的一种方法。然而，嫩芽内部有些什么却并非清晰可见，可能需要研究一下才能找到答案。也许，孩子们会将一根嫩枝带到室内，然后发现嫩芽在温暖的环境中会脱下"外衣"，并露出绿叶。

又如，将菩提叶称为"心之叶"就是一种拟人化的说法，目的是让名称成为我们记忆的支撑，形成记忆规则。菩提树的叶片是心形的。正是这种树的特征，让我们能够将菩提树与其他树种区分开来。通过这种方式，我们可以看到不同种类树木的差异，尤其是叶片形状的差别。对于那些不善于使用拟人化用语的教育工作者来说，可以在孩子们询问不同树木的名称时，考虑把这种方法用作记忆规则。

再如，"森林里的小精灵——想象还是谎言"章节部分，我们将想象力作为一种创建富有创造性活动的方法，重点在于设计以及技术问题的解决。纯粹出于操作性和公共通行权[1]的考虑，本书中拟人化的形象都非常小。借助想象力，孩子们可以小规模搭建场景。小规模意味着对自然区域的破坏会最小化，并且避免了材料不足的情况。

用苔藓和地衣制作的小人

---

1. 译者注：公共通行权（Allemansrätten）赋予了所有人享受瑞典户外的权利。它允许公众自由漫步，甚至在私有土地上露营、采摘野生浆果和蘑菇。它同时也带来了责任——小心对待动植物和其他人的财产。这可以用一句话来概括——不要打扰，不要毁坏。公共通行权被写入了瑞典宪法，但它算不上是法律，而更像是一种习俗或经年累月发展而来并为人们所接受的文化遗产的一部分。

本书使用的拟人化需要特别强调以下几点。

1. 挑战

在挑战环节，归属于"小精灵物种"的玛卡和米拉将会寻求不同的帮助。这些挑战会作为例子来抛砖引玉，每个教育工作者可以自己设计挑战，以适应自己的孩子群体。

2. 墨丁

我们使用了墨丁（mödding）这个词语，因为这个词很有趣，在丹麦语中它被用作考古的术语；而厨房墨丁（kökkenmödding）指的是厨房垃圾。由于墨丁有些邋遢，所以这个名字很合适。厨房墨丁来自石器时代，通常包括青口贝壳和餐具制造的剩余物。

3. 小精灵

在户外几乎到处都有小精灵，但最重要的是她们作为户外教育工作的一部分，存在于我们的想象中。小精灵的出现意味着有事情即将发生，意味着小项目的开始，将激发出孩子们的好奇心。

小精灵总是戴着帽子，她们的眼睛总是尖锐又好奇。即便戴着帽子，她们也很少有高于 5 厘米的。许多小精灵住在森林里，有些则住在沙子国。在本书中，玛卡和米拉是小精灵的代表。她们经常来寻求帮助，因为她们信任别人的善意，而且她们特别喜欢小孩子。对孩子们而言，帮助小精灵则意味着要迎接一项挑战了。

在高度和我们拇指长度一样的木棒上放上帽子并刻上"眼睛"，我们可以制作出玛卡和米拉，或是其他小精灵

戴帽子的小精灵

4. 小精灵与墨丁

　　小精灵住在墨丁们的隔壁。墨丁并不坏，但他们常常粗心大意，可能对所有事情都不太了解。有时小精灵必须在事情变得太疯狂时去主动帮助墨丁。小精灵和墨丁有点像兄弟姐妹，即使他们非常不同，但他们喜欢并尊重对方。谁也不清楚墨丁长什么样，但可以肯定的是他们都住在墨丁国。

　　小精灵的存在就像童话故事一样，会激励孩子们去接受不同的挑战。小精灵的体积很小，这一特点带来的另外一个好处，就是孩子们可以小规模作业，比如，搭建不同的小型构架。这样，孩子们实际完成一些挑战的可行性将大大提高。如果孩子们创造出了自己的小精灵和墨丁，那他们的想象力和创造力便也得到了释放。

（五）教学目标

幼儿园应该努力让每个孩子：

——发展对自然的各种周期以及人、自然和社会如何相互影响的兴趣和理解；

——发展对自然科学的理解，比如，对植物、动物和简单化学作用和物理现象的了解；

——发展识别、探索、记录、提问和讨论自然科学的能力；

——发展在日常生活中识别出技术的能力，并探索简单机械的工作原理；

——发展利用各种技术、材料和工具来建造、创造和设计的能力。

二、像科学家一样的工作方法

自然科学研究的工作流程是首先要提出一个问题，然后提出假设，即经过深思熟虑之后进行猜测，之后再努力思考得出的结果。无论我们进行哪种级别的研究，这种自然科学研究的方法均能够适用。高级研究人员会采用此种方法，而它也适用于学前儿童。差别在于他们已有的先验知识以及能够使用的工具不同，但思考方式是一样的。

本书中活动的具体研究方法的第一步是对我们好奇的或是想要了解更多的事物提出问题，然后思考一下我们已有的知识。在此基础上，对于我们认为将会发生的结果或者活动方式，在脑海中会有个图像。于是，我们便提出假设。重要的一点是把所有人的假设都记录下来，并强调没有什么假设是错误的，鼓励孩子们提出自己的假设。

接下来，就到了试验的时候了。试验的形式可以是调查、观察或是实验。当我们进行试验时，确保试验的合理性很重要。

当试验完成之后，我们会得到一个结果，将结果记录下来也很重要。但不是所有的试验都会直接得到结果的。偶尔我们也必须得有耐心，给试验充足的时间，比如，对自然界的某个流程的观察可能需要几天，或是几周的时间。这是自然科学研究方法中很重要的一部分，也是一种思考方式。

然后，就到了我们要从试验结果中得出结论的时候了。我们将我们的假设和结果进行对比。这时，就可以将我们的记录拿出来，看看我们的假设和结果是否一致。接着，我们要讨论一下结果和假设一致或是不一致的原因。孩子们已经将假设记录了下来，这样他们对自己学到的知识就能一目了然了。

通常讨论会让我们产生新的问题，于是这个研究流程就会从头重新开始。

小贴士

方法总结

①提出问题；
②假设；
③试验（调查、观察或实验）；
④结果；
⑤结论；
⑥新问题的产生。

（一）假设还是猜测

为了说明假设和猜测的区别，我们来想象这样一个虚拟的情境。

如果教育者问小朋友："你猜猜鼠妇有多少条腿呀？"

小朋友回答："我猜10条。"

这时，教育者的反应就决定了这会是一个猜测还是假设。如果教育者回答，"不对，回答错了，它有14条腿"，那么教育者的反应就决定了孩子只是做了一个猜测，并且猜测错误。但如果教育者说："你认为是10条，那我们要找个鼠妇研究一下，看看到底是不是10条"，教育者这样的反应就决定了孩子提出了一个假设，而且他们会研究一下这个假设是否成立。一方面，猜测和假设的一个很大的区别在于假设需要时间，另一方面，假设也不要求教育者从一开始就把答案说出来。之后，当教育者通过向孩子提问的方式来开始新一轮的沟通时："你最开始猜的是多少？现在有发现什么吗？"这时，你就能看到孩子学到了哪些知识。

有时鼓励孩子做出假设比假设本身更加重要，特别是只有两种可能的结果时。当我们研究物体会下沉还是漂浮时，这就很明显。这时不需要更深一步的思考就能简单猜出是其一或是其二。之后的结果仅仅是确认猜测正确与否。反之如果根据问题的答案来引导孩子做出假设："你为什么认为它会飞呢？"这时，就需要在实验前进行更深一步的推理，这也会引导孩子之后对得出的结果进行更深入的思考。

为了能够提出假设，孩子们必须有经验和体验的基础，他们需要会一种语言，并能理解一些概念。

（二）合理的试验

当教育者和孩子们在讨论他们将如何基于已提出的问题开展试验时，强调调查的合理性很重要。在研究中，这被称为控制变量研究，但我们选择将其称为合理调查。更容易理解且概念更清晰的说法是，当我们在调查研究时，某些因素必须保持相同，也就是一次只调查一个因素（变量）。

如果我们想要调查如何将灯心草船建得更加稳固，那我们就要分别调查各个可能影响稳定性的因素。如果我们比较的两艘船，一艘有高高的桅杆和宽阔的船身，而另一艘的桅杆很短且船身狭窄，那就不合理了。这样，我们怎么知道决定船只稳定性的因素是哪个呢？是桅杆的高度还是船身的宽度？如果我们猜测桅杆的高度是决定性因素，这时我们就必须至少要建两艘宽度相同但桅杆高度不同的船。之后，我们进一步调查宽度的影响时，我们就至少要建两艘桅杆高度相同但船身宽度不同的船。一次单独考虑一个因素，我们才能知道影响稳定性最重要的因素是或可能是什么。

（三）技术工作和解决问题

当我们在调查研究时，在技术的帮助下，我们尝试解决一些问题，而且大多数情况下，问题总是有许多不同的解决方案。我们手头有哪些材料常常决定了我们选择哪种解决方案。所以，在不同情况下我们可以采用不同的方式，孩子们可以基于他们现有的材料来解决问题，或是他们可以就他们解决问题需要哪种材料进行解释说明。在这本书中，我们将挑战作为很多活动的出发点，以此来激发孩子们在面对问题时产生好奇心和解决问题的动力。

如图所示，解决技术问题和像科学家一样的工作方法有着相似之处。

解决技术问题

1. 挑战（玛卡和米拉的挑战）
2. 展示材料
3. 思考、讨论并提出建议
4. 搜集材料
5. 调查并解决问题
6. 对结果进行思考
7. 得出结论
8. 进一步改进或是对结论很满意

像科学家一样的工作方法

1. 提出问题
2. 假设
3. 试验
4. 结果
5. 结论
6. 提出新的问题

解决技术问题和像科学家一样的工作方法

（四）有成效的问题

我们的提问方式对学习有很大的意义。有成效的问题就是那些可以唤醒孩子们的好奇心和行动力的问题。某些情况下，当问题被提出时，直接给孩子答案很重要，但很多时候，回答之前等一会儿，"假装不懂"是一个好主意。许多学习就发生在问答之间。通过激发孩子们的好奇心，他们想要自己通过活动和观察来学习更多知识的意愿也会增强。

例 1

如果孩子举起一只臭屁虫问："这是什么呀？"

这时，我们当然可以回答："这是一只臭屁虫。"

如果要看一个问题的回答是否好回答，那既要看当下的情境，也要看提问的人是谁。

例2

我们也可以像下面这样拖延给出答案的时间。

"这是什么呀？"

"哇哦！看它多美啊！它有腿吗？"

"有。"

"它有几条腿呢？"

"六条。"

"前面那是什么？"

"那是触须。"

"对，这就是触须。它有几根触须呢？"

"两根。"

"它有翅膀么？"

"嗯，我觉得有。"

"所以说它有六条腿，两根触须和翅膀，那我们就知道了这是一只昆虫。"

"翅膀看起来怎么样？它们肯定是交叉着的吧？就像背上有个三角形一样。"

"你能看看它下面是否有吸喙吗？"

"嗯，它有的。"

"那我们就知道它是什么了。它是一只臭屁虫。"

要想提出有成效的问题并不容易，必须要训练很多次，最好有人能提醒该怎么做。不熟练的提问者可以向自己提出以下的问题，这样也有帮助。

——这是一个有成效的问题吗？

——这种情况下它属于哪个问题类别呢？（请参看附录一）

——为了提出有成效的问题，我可以用另一种方式来提问吗？

那么，人们可以对任何事物都提出有成效的问题吗？自己尝试一下，看看你们有什么想法吧。

石头的例子：

——你的石头是什么颜色的呢？

——你的石头多重呀？

——所有的石头看起来都一样吗？

——如果把你的石头放到水里，会发生什么？

——我们可以用你的石头制作沙子么？

——你们一共可以做多少个高高的石塔？

婴儿车的例子：

——你的婴儿车看起来如何？

——你的婴儿车有几个轮子？

——学前班所有的婴儿车看来都一样吗？有什么不同？

——你的婴儿车里最高能放多高的物体？

——我们怎么做才能放更高的物体进去？

——婴儿车需要有几个轮子才能被轻易拉起？

本书正文及附录中，不同的活动还连接着更多的有成效的问题。

三、记录与反思

（一）户外记录

在进行户外学习时，记录是很重要的，因为学习得益于户外和室内活动之间的互动。在处理照片、笔记、创作和收集的资料等文档形式时，室内环境具有其优势。室内环境最大的优点是不受天气影响，特别是在你使用计算机、纸张、书籍和其他对潮湿和寒冷敏感的物品时。当然，你可以在户外使用文档记录，而无须使用相机、纸张或计算机。这可以通过各种创意活动来完成，并且这些创意很可能会留在户外。但是，在一个基于图像和文字的社会中，学前教育工作者需要可以在室内使用并可能以数字方式传播的照片、笔记、创作和收集的资料等。

相机、智能手机、平板电脑、笔记本和笔是户外活动的绝佳工具。当然，这需要带口袋的衣服，当碰见特殊情况时，这些东西可以很快被收起。你在寒冷的季节戴着手套时可能需要露出指尖，以便操作相机、智能手机或平板电脑和笔。

露出手指的手套在户外很实用

1. 平板电脑

你可以将平板电脑视为计算机、相机和记事本的组合。只要可以使用互联网搜索信息，它就可以代替繁重的户外书籍，例如，动植物或鸟类的书籍。与智能手机相比，平板电脑的大屏幕更适合少数儿童直接观看。拍的照片和写的文字也可以直接发布在博客或网站上。可以把电子显微镜通过 USB 接口连接到平板电脑，这样你便可以用屏幕播放和观察分析你的照片，例如，植物或花儿的详细信息。如果要在潮湿的天气下使用平板电脑，可以购买一个具有保持触摸功能的防水袋子。

平板电脑

2. 木棍书

你可以告诉孩子如何制作自己的木棍书，做完后孩子们可以在上面把他们参加的活动画下来。请孩子捡一根木棍，将其放在书的后面（可以给孩子介绍木棍的长度，例如，和自己的脚一样长）。拿一张彩色的 A4 纸，将其长边对折，作为书的封面。然后，使用 B5 的白纸作为书的内页，想放多少内页就可以放多少。将内页的白纸放在彩色纸中，并在所有纸上切两个小的 V 形槽口。将橡皮筋穿过书本中心的两个孔，然后将橡皮筋固定在木棍上。

材料：彩色纸、白色纸、橡皮筋（120 毫米 ×3 毫米）和小木棍。

工具：剪刀。

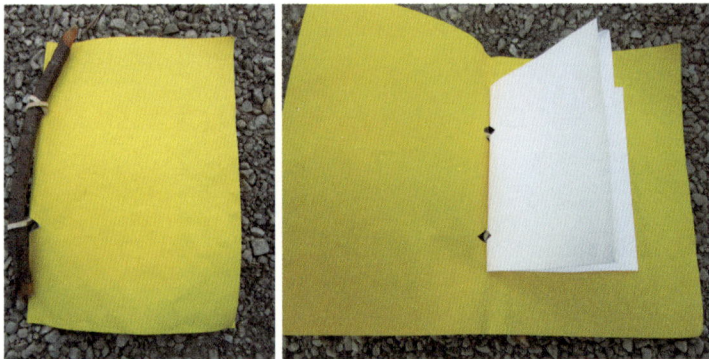

用木棍和橡皮筋简单装订的书

3. 记录的目的

如果幼儿园没有足够的时间来记录，记录的方法就变得很重要。教育工作者要思考什么需要记录和为什么要进行记录。如果没有时间进行记录或记录的内容没有人看，那记录就没有起到作用。

谁要看这些记录资料：

——孩子们要用它来进行反思吗？

——父母要看孩子们每天做什么吗？

——老师用它来检查孩子们的学习情况吗？

——老师会以此为起点，规划进一步工作吗？

——校长和市政官员需要借此来知道孩子们学了什么和做了什么吗？是因为幼儿园的投资人或城市的政客需要知道幼儿们学习什么和做什么吗？

——资料记录是否应该包含以上所有要点呢？

小贴士

记录的意义

值得注意的是，只有儿童和教育工作者都看到记录资料，并反思和讨论记录的内容，该记录文件才有意义。老师要跟孩子们讨论文件的内容，一定要让孩子们很容易能看到记录资料。比如，在屏幕上播放照片或者视频，画一张板报或者做一个孩子们作品的展览等。父母看记录的内容也是教学的一部分，他们在看过资料后可以跟孩子们讨论孩子们那一天所做的活动。

（二）反思

1. 关于季节的反思

这张画的用途是跟孩子们讨论博物学中的物候与季节的改变。在一张纸上画树的树根、树冠和树干。在树下有一个架子，在这个架子上，孩子们可以放他们在森林里找到的东西或者他们自己做的东西。拍这张照片的时候是春天，所以依然可以看到地上的积雪。架子下面的地板上有堆肥处，里面有一些虫子。在这个不断变化的文档记录中，孩子和老师可以一起讨论下一步该做什么。

关于季节的反思示例

2. 一张照片的反思

在这个示例中，在墙上贴一张孩子们参加活动的照片，然后让孩子们回答一些问题：我们做过什么？我们喜欢这个活动吗？在这个活动中学到了什么？老师要把孩子们的回答和感受写在小纸片上，贴在墙上照片的周围。这样做，孩子、老师和家长可以很容易看出这一天的活动中的体验如何以及活动是如何进行的。

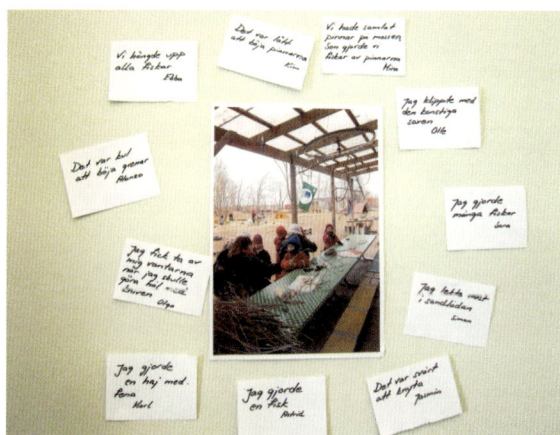

观看记录和示例。把孩子们的回答和感受写在小纸片上，
贴在墙上照片周围

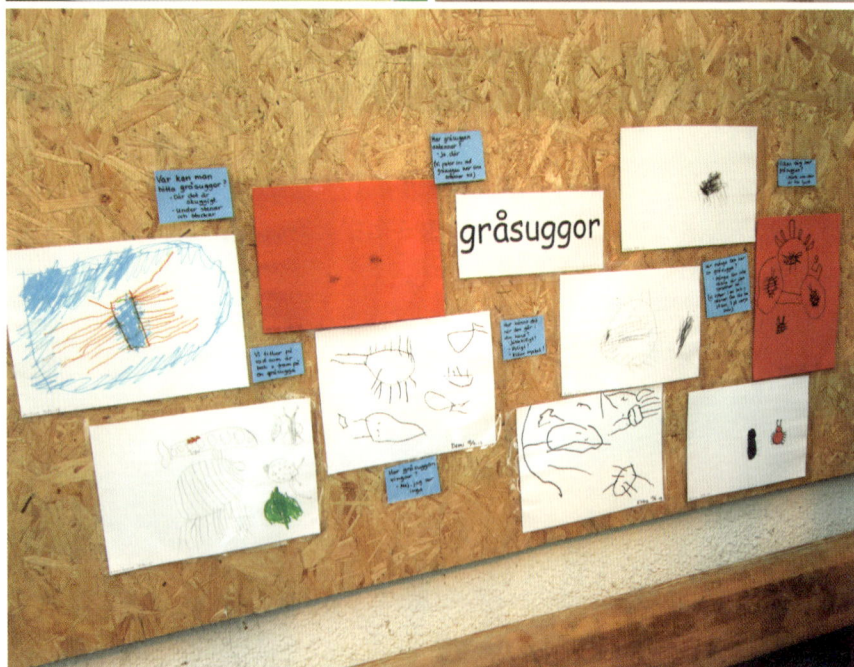

记录档案贴在墙上方便孩子们观看

3. 对一个物件的反思

与孩子们一起回顾反思的另一种方法是使用物件。例如，孩子们在院子里寻找虫子，发现了很多的瓢虫，这引起了孩子们的好奇心。然后，整个上午老师和孩子们一起用不同的方法来研究讨论瓢虫。过几天后，老师在和孩子们一起回顾反思收集的物品时，就可以使用一个玩具瓢虫，这个玩具瓢虫会唤醒孩子们的记忆和感觉，促使孩子们提出新的问题。

一个屏幕能播放今天或者这个星期的照片或视频。老师和父母都可以通过这些照片或视频来引导孩子们进行反思和对话

四、在户外学习

（一）户外学习的目的

我们在与儿童广泛的合作中发现户外活动具有很多优点。我们看到了愿望、承诺、发现的喜悦、好奇心和学习的意愿。这样的气氛在室内活动中有一部分可以看到，特别是那些适合室内的活动。但是当孩子们学习科学技术领域时，我们建议把教学活动放在室外的不同环境中，因为在室外有动物、植物、周期、生态关系、化学过程、物理现象、技术解决方案和结构。

北欧国家的保护伞组织创立的刊物《Fisk i natur》收集了有关在自然中的益处的证据。很多报道称，在自然中活动会对健康产生积极的影响，当然，对孩子们的学习也有积极的影响。以下是一些样例，在自然中可以：

——提高学习能力；

——提高记忆力和专注力；

——有助于减少儿童之间的冲突；

——提高运动技能；

——帮助儿童改善多动症;

——让孩子们更健康,更镇静;

——促进建立更多不分性别的游乐场;

——减少在学校的病假时间。

(二)公共通行权

在瑞典,我们非常荣幸能够通过所谓的公共权利参观不属于我们的自然区域。为了获得这种权利,我们必须考虑其规则。这些规则可以归纳为基本原则:不打扰,不破坏。这意味着所有人都可以走进大自然,甚至可以到那里采摘浆果和蘑菇。为了获得普遍行使职能的权利,每个人都必须了解规则并遵守规则。像社会上的其他规则一样,重要的是要从小就学习它们。在幼儿园里,有很多学习这些规则的好机会,因为这些规则和孩子们的户外生活息息相关。近年来,让孩子们知道他们必须出门去到自然中并不危险的地方变得很重要。

这本书中描述了很多活动,在那些情况下除了使用公众通行权外还需要联系土地所有者。例如,如果一家企业想要制造挡风玻璃、建造永久性壁炉或使用活动的庇护所做手工艺,则必须首先联系土地所有者获得许可。一种方法是与土地所有者签署协议,确定某个区域可以作为幼儿园或学前班活动的场所(有时称作森林学校)。如果活动是市政府组织的,土地也是属于市政府的,则可以联系市政府中负责自然和公园的部门达成协议。

公共通行权的挑战

为了向儿童介绍公共通行权,可能需要创造学习的情境。有时,在公共通行权活动中需要用到道具。例如,为了不让狗狗到处乱跑打扰有幼崽的动物,你可以提前挖一个洞,把软软的玩具兔放到里面。抓住机会并在适当的时候给孩子挑战是另一种方式。

公共通行权的规定

玛卡与米拉不喜欢陌生的乌鸦偷吃她们的蚯蚓和啄食她们的苹果。玛卡和米拉需要蚯蚓帮助照顾她们的菜园,需要苹果做苹果酱。公共通行权对于进入别人的花园、土地或田园有什么说法?让你的朋友变成乌鸦,然后告诉她们公共通行权的规定。

玛卡和米拉听说人们有在森林里可以做什么和不可以做什么的规则，她们觉得墨丁很疏忽，丢了很多垃圾在野外。收集你附近可以看到的垃圾，并告诉墨丁公共区域关于垃圾的规则。

玛卡和米拉非常害怕人们带的狗在野外吃新出生的动物。你能告诉她们什么是公共通行权以及如何在野外与狗狗相处吗？让你的朋友扮演狗狗。

玛卡和米拉非常害怕火。告诉她们怎么用安全的办法点燃火，还要告诉她们什么时候不能生火。

小精灵看到人们的帐篷房子很小，很有趣，并且可以随身携带。给小精灵演示帐篷的使用方式，并告诉她们可以在哪里搭建，能在里面待多久。

玛卡和米拉看到一根被折断的树枝，她们很担心。你们能那么做吗？告诉她们公共通行权关于这方面的说法。

玛卡和米拉喜欢鱼，你们可以帮助她们钓鱼吗？公共通行权关于钓鱼是怎么说的呢？

玛卡和米拉不知道人们在野外可以采摘什么。告诉她们你们能在野外采摘什么。

（三）户外学习地点的重要性

创造一个好的学习环境很重要。坐着或站着都无所谓，重要的是这个地方很安静，不要有太多的打扰，孩子们可以听清老师说的话。地点本身也会给孩子们灵感去处理要完成的任务。比如说，一个好的地点是野外，如一个小房子、一堆灌木或者一块儿很大的石头可以形成一面墙壁。孩子们要坐在我们的前面，那样他们每个人都可以看到和听到。坐下来可以更好地用眼神进行交流，也更容易把信息传递给孩子。在我们开始讲话或分配任务前要等待营造出一个安静的气氛，使孩子们产生好奇心，让他们产生研究和发现更多新东西的欲望。

多次选择同一个地点也是不错的，孩子们知道怎么走，并能在路上遵守着一定的规则。比如，孩子们第一次从一块大石头上跳下来后，每次经过时还会这么做。让这条路变成孩子们的探险之路，吸引他们在路上去做新的事情。识别出某个地方的周围环境让他们具有安全感。有时我们可能只是到达这个地方，有时路上也可能发生很多事情，或许我们会发现一只死鸟儿需要把它埋起来。你也可以选择一条不同的路线回家，这样孩子们可以体验新鲜的事情。作为教育工作者，重要的是了解班里的孩子们，说比做更容易。我们也可以开展一些心理活动，如躺在草地上看着天空的云彩。活动也可能无法完成，因为孩子们会很淘气，全部时间里都会玩闹和大笑，根本不会像我们一样在这种美好的环境中去放松、静想，这种情况下他们是很容易就放弃的。孩子们总是会有各种情况，重要的是我们不要轻易放弃。

孩子们也喜欢给场地里的物品命名，如扁石、树桩、大云杉、小屋等，这样创建的地点会让孩子们知道在哪里集合。我们会在树桩旁边讲故事，在扁石上进行展览等。

坐垫可以让孩子们避免着凉和被弄湿。如果坐垫放置成一圈，孩子们就会自动地坐成一圈。

花时间和同事一起寻找合适的地方，这样会让教育工作者和孩子在户外活动感觉更方便。

可以利用通往活动地点的道路进行各种形式的游戏活动，例如步行宾戈（bingo）游戏[1]，让孩子们寻找宾戈卡并说出上面有什么。

坐垫可以让孩子们避免着凉和被弄湿

---

1. 译者注：步行宾戈游戏的玩法为事先准备一些卡片，卡片上写一些动物或者植物的名字，放在通往活动地点的道路上。孩子们在步行过程中可以寻找卡片，说出卡片上有什么，就喊一声"bingo"表示胜利。

用木桩围成一圈的座位

骑三轮车带孩子去户外

第二章

植被

一、驯鹿地衣还是白苔

（一）驯鹿地衣还是白苔

雀石蕊

　　随着圣灵降临节[1]临近，我们可以在商店购买"白苔[2]"来装饰我们的降临节烛台。如果我们仔细观察这些"苔藓"，会发现它是灰白色的，很美。它看起来几乎像棵小树一样。根据传统，我们口头上将它称为"白苔"。而购物袋里装着的其实是叫作雀石蕊（*Cladonia stellaris*）的驯鹿地衣，这是瑞典 2000 种左右的地衣种类中的一种。雀石蕊很漂亮，非常适合装饰。

　　苔藓和地衣没有亲属关系，也不是特别相似。我们对它们的称呼重要吗？那为什么我们希望孩子们学习地衣和苔藓之间的区别呢？

　　古老的知识不被遗忘可是件重要的事。

---

1. 译者注：圣灵降临节是天主教教会的重要节期，是为了庆祝耶稣圣诞前的准备期与等待期，亦可算是教会的新年。圣灵降临节起自圣诞节前四周，由最接近 11 月 30 日的周日算起，直至圣诞节。
2. 译者注：白苔绿绿的颜色可能让人很难理解人们为什么称之为白苔。但是当它干燥时，与其他总是呈绿色的苔藓相比，它的颜色会变浅。和一般苔藓和沼泽植物一样，白苔生长在潮湿的土壤上。它能在已经成熟的白苔上方生长起来，并形成泥炭沼泽。

挑战 1

玛卡和米拉有时在树林里会感到孤独。你们能为她们做一个苔藓伙伴和一个地衣伙伴吗？

挑战 2

玛卡和米拉已经忘记了苔藓和地衣之间的区别。取一点苔藓和地衣，并向她们解二者之间的区别吧！

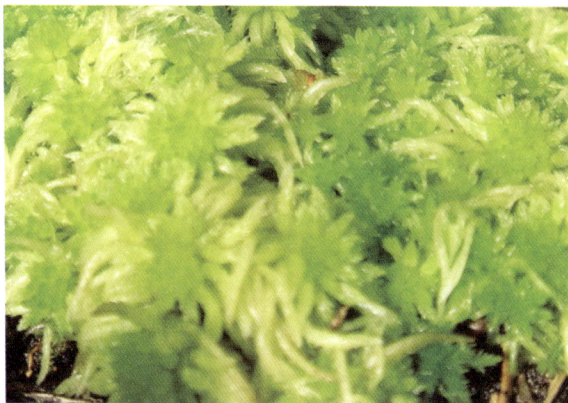

白苔（*Sphagnum* sp.）具有非常好的吸收能力，干燥时颜色变浅

生物学知识——白苔的吸水性

白苔含有两类细胞，分别为带叶绿素的细胞和空细胞。空细胞具有毛孔和特殊框架，即使在干旱时期也能保持细胞的伸展。因此，水很容易被吸入孔隙并填满空间。

白苔含有一种大的细胞，使其能够聚集大量的液体。我们人类已经知道并利用这个特性很长一段时间了。很久以前，干白苔被用作止血的绷带。它也被用于婴儿床中，除了吸收尿液之外，它还能去除难闻的气味，然后等它用得差不多时将它换掉就好了。人们还认为它具有一定的防腐作用。这些知识都是值得保留下去的。

阿斯特里德·林德格伦[1]掌握了这些知识，并在《强盗的女儿》一书中

---

1. 译者注：林德格伦是瑞典著名儿童文学家，代表作有《长袜子皮皮》等。

加以运用。大多数孩子已经看过或将会看到这个由书改编而来的精彩的电影。当比克受伤时，荣雅说："我们必须采些白苔，并将它弄干，因为路易斯总这么做。"

电影这里完全错了。荣雅和比克采摘了驯鹿地衣！驯鹿地衣在干燥时会变得非常尖利和扎人。我们幼儿园的孩子们还记得电影中的小母马和小马驹发生了什么——有只熊撕伤了它们俩，荣雅和比克用附着在云杉树枝上的扎人的驯鹿地衣给小母马做了包扎。关于这一点，电影的事实核对员就看错了。这进一步强化了驯鹿地衣与白苔二者之间容易混淆这一事实。如果他们采摘的是柔软干燥的白苔，治疗效果会更好，因为它具有防腐性。

（二）苔藓海绵

如果附近有白苔，那就可以很好地向孩子们展示它能容纳的液体量了。拿起一把苔藓，浸入水中使其饱和。让孩子拿一个杯子，然后将苔藓中的水挤出到杯子中。孩子们会发出很多"哇"和"看呀"这样的惊叹。很好的一点是，苔藓是可以被多次使用的，把它放在杯子里让它再次吸收水即可，再依次循环下去。孩子们将会尝试浸泡和挤压，让他们自己亲自去做的话，可以加深他们的体验和理解。

物理学知识——洗碗布

与干布相比，潮湿的洗碗布更容易吸水，因为布料中已经存在水分子了，水分子能够互相吸引并聚集在一起。具有良好吸收性的其他物品实例有尿不湿、纸巾和浴巾。

（三）驯鹿地衣

顾名思义，驯鹿地衣是驯鹿的主要食物。地衣可以保持土壤的水分，同时也能承受极度脱水的状态。它们生长非常缓慢。当土壤上的地衣被剥离时，会留下一层薄薄的土壤，很容易被雨水冲走。在那之后，就很难再长出新的地衣了。

雀石蕊和其他驯鹿地衣通常采摘于瑞典北部，并大量运输到全国各地用来生产花圈和其他墓葬饰品。圣灵降临节烛台也用它来装饰。

我们当然是可以用云杉树枝来代替驯鹿地衣作葬礼上用来纪念死者的装饰的。所有这些装饰品在使用后都会被丢弃，无论是驯鹿还是自然都将无法从中受益。人们当然不是为了摧毁驯鹿地衣而去买它的，但是当他们知道为什么选择别的产品会更好之后，人们可能就会在购买之前多作考虑。如果我们能够将这些知识传播给我们的孩子，我们可能也会间接地将这些知识传播给大人们。

林石蕊（*Cladonia arbuscula*）和鹿石蕊（*Cladonia rangiferina*）生长在干燥的陆地和山上

挑战 3

玛卡和米拉发现了一个水坑，她们希望水坑里的水能尽快消失，以免弄湿她们的脚。你能帮助她们吗？

（四）地衣的故事

地衣由藻类和真菌组成。藻类是食物，而真菌是住所。

曾经有一个叫阿尔夫的海藻，他独自一人生活。离阿尔夫不远的地方住着真菌，名叫斯韦，她也单身。有一天，他们相遇并成了朋友。一段时间后，他们便坠入了爱河。阿尔夫很想和斯韦住到一起，但他没有房子。于是他告诉斯韦："如果我答应一辈子为你做饭，那我能搬去和你一起住吗？"

"当然了，"斯韦说，"我正在为我们建房子呢，这正是我的长项。"

所以，斯韦建了一所房子，阿尔夫搬了进去，然后他们就幸福地生活在了一起。他们轻轻地告诉对方："我爱你。"[1]

---

1. 译者注：瑞典语 Lav 指地衣，发音和英语 love 相同。

地球科学知识——湿地

在自然界中，有一些湿地可以保留水分，防止因发生洪水而使建筑物受损，或将有价值的表土层带入大海。

湿地的例子有泥炭沼泽、低位沼泽和灌丛沼泽。

生物学知识——地衣、苔藓

地衣

地衣由两种生物组成，即真菌和藻类。通过光合作用而生产糖的藻类可以在没有真菌的情况下自由生活，但是真菌是依赖于藻类而存活的。

苔藓

苔藓属于植物，并用孢子繁殖。它们没有根，直接从雨水或露水中获得水分。

不同于地衣在干燥天气中会变得扎人且容易折断，苔藓在这种情况下触感依旧很好

二、 花与种子

（一）花的时尚

春天的草地上开满了不同颜色的花朵；秋日里，树木和灌木丛中长着美丽的浆果。这两个时节最适合思考和调查一下当前最流行的是哪种颜色。孩子们会注意到不同季节的颜色变化，因此有很大的机会可以用不同的方式来深入研究植物。

将孩子们分成几对或几个小组，并指示他们在特定区域内捡拾特定颜色的不同种类的花朵或浆果。例如：第一组为不同的黄色花朵，第二组为不同的蓝色花朵，第三组为不同的紫色花朵，第四组为不同的白色花朵。

当他们收集一小会儿花朵之后，将这些小组重新聚集起来，大家将自己的花朵放在白色的桌布上。所有人都可以看一看花堆的高度或数数花朵的数量，以此来判断哪种颜色最时髦。

活动后不要将花扔掉，可以用植物标本制作器将它们压扁（请参阅下一页"植物标本制作器"部分的内容），在白色纸板上使用双面胶来制作漂亮的植物图画。砂纸绘画是进一步利用花朵的另一种方式。

材料：白色桌布。

挑战

玛卡和米拉想要像大自然中的花朵一样时髦。帮她们找出花朵中最常见的颜色吧！

常见的黄花：疗伤绒毛花（左图），委陵菜（中间）和山萝花过路黄（右图）

1. 植物标本制作器

可以用废弃材料来制作植物标本制作器。首先，在一块木板上量出两个相同大小的部分，用锯子锯下。再锯下一根圆棒，使其长度比木板宽度长 4～5 厘米。接着，给圆棒两端钻孔，打通木棒的两侧，稍后绳子将被固定在那儿。然后，在圆棒上再钻若干个孔，孔的直径应比细棒的直径大几毫米。绳子应足够长，以便可以将其牢牢地绑在圆棒两端的小孔中，连接到木板下边，也可以在圆棒上卷上几个圈。将细杆切割成和木板差不多一样长。卷起圆棒上的绳子，最后将细杆插入最适合锁定植物标本制作器的孔中即可。

材料：木板、圆棒、结实的细杆和绳子。

工具：锯子和钻头。

一台植物标本制作器的简单技术架构

技术知识——杠杆作用

插入圆棒中的细杆发挥着杠杆作用。和只用手推动圆棒相比，用此杠杆拉紧绳索更容易些。另外，由于细杆在另一边伸出，和绳子产生的力形成反作用力，因此细杆可以锁定整个制作器结构。

挑战

玛卡和米拉想要将精美的植物保存到冬天，到时用来装修自己的房屋。帮她们按压植物来制作植物标本吧！

2.寻找相似物

具有挑战性的任务游戏通常在适合户外进行的活动中属于大受欢迎的一类。在自然界中，有许多不同种类、大小、结构、颜色和形状的材料，每个人都可以找到符合任务要求的东西。

将孩子分成两两一组，给每组孩子一个鸡蛋盒。将自然界的物体放入鸡蛋盒的一边，然后让孩子们找到相似的物品放进一个蛋坑；最后，让他们互相展示并告诉对方他们收集了什么，以及他们是怎么想的。

由于鸡蛋盒有蛋坑，自然要收集的就是一些小型自然物体，这样可以减轻对自然环境的影响。

任务举例如下。

——找到不同的种子，并在每个蛋坑中放一个。

——找到不同的鲜花，并在每个蛋坑中放一朵。

——找到不同的浆果，并在每个蛋坑中放一个。

——找到不同的软软的物体，并在每个蛋坑中放一个。

——找到红色的自然物体，并在每个蛋坑中放一个。

——在自然界中寻找圆形的物品，并在每个蛋坑中放一个。

孩子们也可以自己把自然界的物体放在盒子里，互相交换，然后开始寻找相似物。让他们互相展示自己找到的相似物是什么样的。

材料：鸡蛋盒或带小隔间的塑料盒。

（二）款冬给自己打包"饭盒"

秋天时，有一群好奇又活泼的五岁孩子们正在散步。这时正是十月底，我们走过的路旁长着大大的叶子。

"是大黄的叶子。"一个小朋友说。

其他小朋友都不同意。

另一个人说："我尝过了，没有酸味。"

我们把几片叶子放在路上，用棍子画出叶子的轮廓。它们变成了一种动物的足迹，奇怪的是它既有大的也有小的，但大多数都很大。脚底是这种形状的会是哪种动物呢？从大象到驼鹿，再到巨型犬，大家展开了疯狂的猜想。

通过一些线索，我们逐渐发现这像是一匹马的足迹。

"你怎么称呼马的脚呢？"

总会有孩子会骑马，或是在马术学校学习的，所以我们很快就得到了答案，马的脚被称作"马蹄"。

"有没有哪种植物也叫马蹄呢？有，但我们可能更经常的称它为款冬。"

这种植物的拉丁名为 *Tussilago farfara*。Tussi 的意思是咳嗽，在孩子感冒时可以使用这个词，比如，"今天你有轻微咳嗽（tussi）吗？"人们过去认为这种植物可以治疗咳嗽，所以它被称为"治愈咳嗽（tussilago）"。

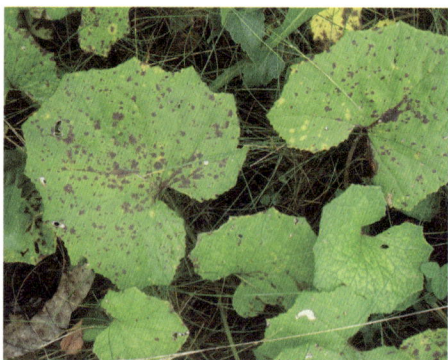

研究人员发现，大多数瑞典人都知道款冬，但很少有人能认出花开之后出现的大马蹄形叶子

小路蜿蜒至深处，即使是秋天，也还开满了蓝铃。蓝铃有小叶子，但仍然可以持续开花到现在这个季节。款冬在春天可能有一周的花期，但现在只有大大的叶子了。

"为什么？"

小组中的孩子们习惯问"为什么"，并且马上开始提出不同的想法。

"这可能是因为它在春天很冷，因此它需要一条毯子来保暖。"

"不，我觉得它们大概是觉得自己夏天换上绿装也会很美。"

"它们下面很适宜小动物居住呢。"

猜测五花八门。

"你们还记得这些绿叶可以用来做什么吗？"

这个小组非常清楚绿色的意义，迫不及待地回答说："记得，它们给花朵提供食物呀！"

有孩子接着说："但这里没有花呀。"

"好吧，等一等你们就能见到花儿了。"

整个夏天，叶子都在做饭。你也可以说它把食物给打包起来了，所以当来年春天到来时，款冬就准备好食物了。现在孩子们要跟上讲解的内容有点难，这时我们必须开始展示实物了，也就是要去寻找饭盒。孩子们变得很好奇。我们摘下叶子和草，叶柄向地面垂下的地方有一些椭圆形的鳞状的小球出现在孩子们眼前。

"看到了吗？那就是饭盒！"

在秋天，你就可以在叶子的茎下方找到新长出的花苞了

植物周围挤满了小朋友们。我们小心地卸下[1]一个"饭盒"。为了保持紧张气氛，且不损坏内容物，我们小心地一次摘下一个。"那里面有什么？"气氛变得更紧张了。有点黄色的东西！看，我们春天的小款冬快长好了，像一个小太阳一样闪耀。用放大镜观看，每个孩子都得看一看，并闻一闻这个小球。多么神奇的体验啊！想象一下，叶子已经准备了这么多食物，所以款冬可以在春日的第一缕阳光下破苞而出，生长起来。同在小组里的家长们此时也很欢欣鼓舞。

有个小朋友认为蓝铃没有任何食物包很可怜。春天时，蓝铃的叶子长大，可以帮助蓝铃自身的生长发芽，慢慢变成美丽的蓝铃草。入夏过后可能还要等一阵子，蓝铃才会盛开，但它越晚开花，开花持续的时间就越长。有个小朋友说："太好了，因为那样我们整个夏天都有鲜花了。"

当我们一个月后再来到同一个地方时，款冬没有任何一片叶子了。"它们去哪儿了？"大自然总能引导出新的问题。作为老师，我们是打开孩子们

---

1. 译者注：瑞典《公共通行权》中规定，人们在野外环境里可以采花、采浆果、采蘑菇。

视野的人，所以我们要给自己时间，去同孩子们一起思考，并尝试弄清楚事物之间的关系。我们必须耐心地呵护孩子们的好奇心。我们期待着春天，那时款冬的所有"饭盒"都将被打开。

挑战

帮助玛卡和米拉寻找款冬的饭盒吧！

生物学知识——竞争

款冬比其他大多数植物都更早开花。这意味着它们拥有一项竞争优势，因为在春季，当田野里只有它们在开花时，它们就能最先被蜜蜂授粉，然后在土壤被植物完全覆盖之前早早播下种子。而它们能如此早就开花的原因在于，在前一年夏季叶子长出来之后，它们就已经开始生产开花时所需要的营养了。而其他大多数植物，春天会先长叶子，然后夏季再开花。

款冬也被称为马蹄。在看到叶子之后，
人们才能理解这个名字的缘由

早在五月，款冬已经形成了种子。茎秆长高，种子比黄色花朵
的位置高出许多

（三）榕叶毛茛的大家庭

在早春的时候，孩子们很容易对开始开花和变绿的新事物产生兴趣。在冬季，土壤被冻结，只有零星一点绿色。但现在，几乎每天都有新生命生长起来。树上和灌木丛中的花苞在膨胀，地面上也有越来越多的绿色植物。

有一天，在阳光照耀下，榕叶毛茛（*Ranunculus ficaria*）开花了。叶子是郁郁葱葱的绿色，花朵是黄色的，且有光泽——我们想知道它的名字是否源于现在燕子飞来了或是在路上[1]。它通常生长在裸露的土壤里，一般在灌木丛和小树林中，那里树木的阴影能遮住地面。榕叶毛茛大面积分布在各处，它"知道如何生育很多孩子"这件事也不就足为奇了。

如果幸运的话，它会被授粉并长出种子，但是早春的天气变化多端，因此飞行的昆虫可能数量并不多。那怎么才能开出新的花朵呢？现在是时候屈膝蹲下，和孩子们一起来研究一下这种植物了。

看！叶轴上的小"土豆"是什么？

在叶轴与茎秆相连的关节处，小球们很容易脱落。这就是珠芽，每个这样的小球都可以发育成一个新的小植物。当植物在初夏枯萎时，珠芽就会开始发芽。

榕叶毛茛的珠芽

---

1. 译者注：榕叶毛茛的瑞典语名为 svalörten，和燕子 svalorna 的构词十分相似，因此才会出现文中的这个猜测。

挑战

玛卡和米拉想要在春天的时候，在自己的花园里也能有美丽的黄色花朵。

为了让她们能种出这些美丽的黄色花朵，你们能帮忙寻找榕叶毛茛和那些小珠芽吗？

榕叶毛茛的块茎，即哺乳根

我们数了一下，发现我们正在调查的榕叶毛茛可能要孕育出六株新的榕叶毛茛了。正在调查的这一株长在松土里，很容易被从土壤中取出来。块茎在它下面簇成一团，呈椭圆形，有时也被称为无花果根，也许是因为它有些让人联想到了无花果。它们的另一个名称是哺乳根，每条根都可以哺乳一株新的植物。关于"哺乳"一词，将会引起很长时间的讨论。许多孩子都有弟弟妹妹，所以他们仿佛个个都是哺乳学的专家。这时，你就可以说每条根都能养育出一株新的植物，令其生长起来。现在令人激动的时刻来了——这里有多少个哺乳根呢？我们数到了十三个，另外还有六枚珠芽。这时可以用两个孩子的双手来数数，借此来数出我们的榕叶毛茛将孕育出十九株新的植物。也许，另外还会有一些种子。观察后，我们要将植物重新种回去。

当我们在初夏回来时，光秃秃的地面上只剩下黄色的叶子了。但是如果我们稍微拨动一下泥土，就会找到哺乳根和珠芽。

想想是否所有的植物研究都和榕叶毛茛一样充满神奇。以之前的学生为证，这样的研究通常在孩子们成年后还会令他们记忆犹新。

（四）短柄野芝麻和仙女的鞋

短柄野芝麻（*Lamium album*）属于唇形科植物（Labiátae）。叶子有锯齿状的边缘，与方茎横向交叉。花朵顾名思义是白色的[1]，在叶子上方的花冠中。在花开之前，它与荨麻并没有什么不同。我们许多大人和孩子肯定尝过野芝麻花，因为它有花蜜，所以尝起来甜甜的。在斯科讷地区，它被称为"糖松"。一代又一代的人吸吮过这花朵，因此这显然已是代代相传的知识了。

现在我们要进入一个神话的世界，关于这花有一个神奇的故事。在精灵的世界，有很多需要操心的，比如，要用露水浇花，要清洗浆果，让它们看起来好看又诱人，可能还要给疲倦的大黄蜂和蜜蜂提供饮料，让它们能够继续工作。

当夏夜到来时，精灵们很累，她们爬到床上，有些精灵的床可能就在风铃草中。

最近是非常繁忙的时节。精灵们急着洗漱穿衣，因为早上有很多事情要做。

"不会吧，不要又是现在呀！鞋子不见了。"

从上方的野生欧芹那儿飘来一阵咯咯笑，小妖精们就坐在那。他们总是吵来吵去，还给精灵们带去麻烦，但有时他们也可以一起玩耍并保持友善。小妖精擅长造船，还让精灵们与他们一同在水坑中航行，但是在大多数情况下，他们都很烦人。

"现在你们必须要保守住一个秘密。精灵们已经找到了藏匿她们小小鞋子的好地方了。"

小妖精们还没有发现藏鞋的地点在哪里，这让他们非常困扰。短柄野芝麻的嘴唇，可以向人张开嘴巴一样张开。

"打开的时候小心一些。你们看到花里面有小鞋子了吗？我希望附近没有小妖精。想不到鞋子这么小呢！有这么小的脚，我们就能明白精灵们有多小了，所以我们看不到她们也不足为怪呀。"

"现在大家要保证保守住秘密哦，那样鞋子和精灵们就能再清静会儿了。"

---

1. 译者注：短柄野芝麻的瑞典语是 Vitplistern，构词中 vit 在瑞典语中是白色的意思。

在短柄野芝麻开花之前，它
可能会被误认为是荨麻

在短柄野芝麻的"上唇"下方，
有一粒类似小鞋子的花粉

生物学知识——雄蕊

花朵里面的"鞋子"实际上是花药，它们包含花粉。甜蜜的花蜜被用来吸
引授粉的昆虫，而长好的种子则由蚂蚁来进行传播。

生物学知识——味道和气味

味道和气味经常被混淆在一起。我们的舌头表面（下表面除外）遍布了能
尝出不同味道的味蕾。气味则被记录在鼻腔中。由于鼻腔和咽喉相连，气味和
味道的信号会同时被发送到大脑，因此，有时我们很难确定是二者中的哪一个。

小贴士

花蜜

从三叶草上取一朵花，吮吸底部，在花的底部有甜
蜜的花蜜。

（五）种子的传播

在幼儿园里，孩子们肯定试过将种子放入花盆中，甚至可能还会种到室
外的花坛中。当小植物从土里长出来时，孩子们会十分开心。植物们需要浇
水和移植。而野生植物则能够自己将种子传播出去进行繁殖，它们有许多种
植或播种的技巧。

栗子掉到了地上，也许有玩耍的孩子会将它带到另一个地方。橡子可以
被松鸦带到别处。蚂蚁喜欢獐耳细辛的种子，在搬运的途中，会掉落一些种

子在地上。树木的浆果被鸟儿吃了，它们的种子借机随粪便传播到新的地方。枫树和菩提树的种子都有翅膀，可以随风飘扬。我们人类和风儿都可以吹散蒲公英的种子，让它们被带到远方。有些植物在冬天将自己的种子用来喂养鸟儿，种子被鸟儿洒落在地上之后，随融化的冰水一起流到别的地方去了。卷心菜的种子有一个小的"救生衣"，可以在搁浅之前随溪水流到离母株很远的地方。如果树木或灌木丛中有诸如苹果和玫瑰果之类的果实，那可以说是它们自己提供果实，邀请动物们饱餐了一顿，使得它们的种子被传播了出去。

生物学知识——果实的传播

空气传播的果实

树木中果实可以飞行的有云杉、松枫、桦树、菩提树、榆树和黄花柳等。

水上传播的果实

桤木（*Alnus* sp.）的果实是很小的种子或坚果，它们就是能适应水上漂浮的一个例子。每个坚果都有一个"游泳圈"，可以漂移数周而不下沉。它们在春天时进行传播。

动物传播的果实

果实适合被动物食用，或随动物移动而发生移动的树木有花楸树、榛树、橡树和樱桃树等。

当我们说植物的传播受到了动物的帮助时，我们通常想的是动物们食用了植物的种子，或是将种子藏了起来。但是，有一部分种子则是武装好了自己，以便能被传播到远方。在夏末和秋天，养狗或养猫的人可能都有从它们毛发中取出种子的经历。那些种子有倒钩，会卡在动物的皮毛和我们的衣物上。

耳朵上满是种子的狗狗

所有孩子都知道魔术贴 (kardborreband)[1] 是什么，因为在他们的许多鞋子和衣服上都可以找到它们。但是，它这如此奇怪的名字从何而得呢？

到了夏末或秋天，就可以找到牛蒡(*Arctium* sp.)了。这是一种很大的植物，有大大的叶子，圆圆的且扎人的种子则团簇在一起。采一些"棒棒糖[2]"，看看它们是如何像魔术贴一样粘在一起的。孩子们忍不住会互相往对方的摇粒绒上衣上扔牛蒡种子。如果有人够倒霉的话，那他头发上可能也会粘上一个，让他绝望地大哭，要想不扯到头发就把牛蒡种子取走还真不是一件太容易的事。

1. 扔魔术贴

还是让孩子们进行有组织的练习吧。每个孩子采 3 ~ 4 粒牛蒡种子，然后将大毛巾挂在树枝上，或放在老师面前。孩子们会觉得后者更好玩儿，毕竟把牛蒡往老师身上扔过去多刺激呀。这个活动可以以不同的方式进行，比如，谁可以把牛蒡种子扔到最高、最低或最左的位置，等等。

放在树枝上的旧毛巾可以用作靶子

用这种方式让自己被固定住，这对植物有什么好处呢？与孩子们就这个好处进行交流。

2. 抓种子

另一项活动就是将毛巾或摇粒绒毯子放在茂盛的草丛中，看看是否有种子被卡住。摇粒绒毯子是个很好的活动用品，因为几乎每个孩子都可以握住毯子，并将其拖入草丛中。被卡住的种子看起来怎么样？当我们调查完，并

---

1. 译者注：kardborreband 中的 kardborre 指的是牛蒡，直译为牛蒡贴，但中文中我们通常将其称为魔术贴。
2. 译者注：棒和蒡谐音，这里指牛蒡种子。

最后抖落毯子上的种子时，我们也帮助植物进行种子的传播了。之后，当我们回家脱鞋、脱外套时，还能看到一些种子。

毫无疑问，大自然给人的体验是很棒的。时不时向孩子们展示些野生树木和植物的种子，可以让孩子们了解关于野生树木和植物如何传播种子的知识。

可以将栗子、山毛榉和橡子种在一起，那可能会变成一片小落叶林。种子的话题不能几个课程就结束了，在郊游路途中，出现种子时都可以提起这个话题。有人吃了玫瑰果后吐出的种子，一个带小芽的栗子，它们会长出什么呢？要保持话题的生命力，并不断激发孩子们的好奇心。你们肯定会碰到很多无法回答的问题，但孩子们的兴趣已经被调动起来了，也许下次就能找到答案。

材料：一条旧毛巾。

魔术贴

钩子向外伸的牛蒡种子

水杨梅的种子很容易被卡住

技术知识——魔术贴
儿童鞋子和衣服上的魔术贴便是模仿牛蒡种子制作而成的。

3. 草桨

在自然界中，许多植物和真菌利用风来传播花粉和孢子。为了散播种子，甚至连树木也需要风的帮助。枫树就是利用风来传播种子的树木之一。枫树种子的形状使它们在掉落过程中呈不规则旋转，即在到达地面的过程中像螺旋桨一样旋转。

想要模仿大自然的形状和运动，一种有趣的方法就是自己制作"螺旋桨"。捡一片坚韧的草叶，用指甲在最宽的一端沿着长轴开一个小缺口，将草叶的尖端插入缺口中，使草叶呈水滴状。向上抛"螺旋桨"，看它在空中是如何旋转的。

使用不同种类的草，不同的长叶片，以及大大小小的叶片继续试验，注意观察刮风或无风时它们旋转的速度以及表现如何。

材料：草叶或窄窄的叶子。

技术知识——螺旋桨

螺旋桨通过旋转，其一侧形成低压，另一侧形成高压，于是被向前推。如果螺旋桨固定在那被风驱动，则如风力涡轮机一样，其运动的动能可以被转化为电能。

被制作成能像种子一样旋转的草叶

菩提树果实的柄轴上有一片叶子，使它们能旋转起来

枫树的果实长得像鼻子一样，拥有让自己能够旋转的形状

三、树

早春时节，桤木大大的雄花序和小小的桤木球果

（一）一棵树最小可以有多小呢

起初，我们站在一棵柠檬黄且生长茂盛的挪威枫树下。那的确是一棵树，一棵嗡嗡作响、散发着香味的树。

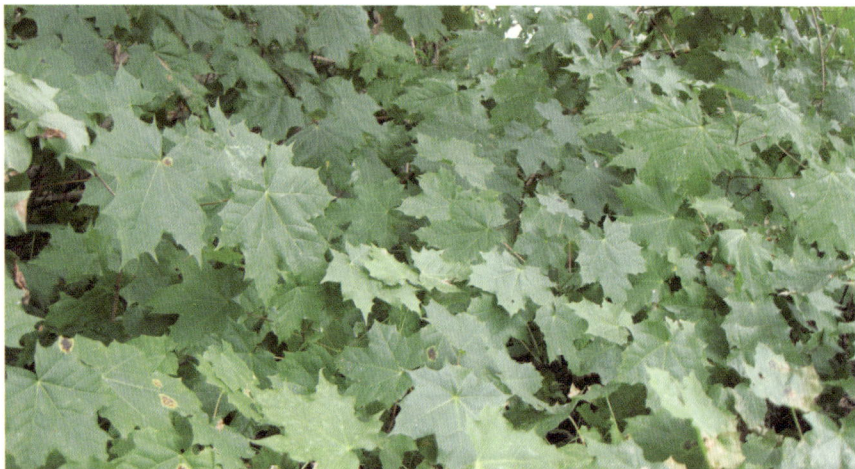

挪威的榆树

然后就有人问："一棵树最小可以有多小呢？"

孩子们用手比划着。

"和我一样高。"

"会那么小吗？"我的疑问让这个小朋友立即改变了回答，说："不，应该不可能有这么小的树。"

我们开始环顾四周，发现许多小树，有些比孩子们矮一些，也有些比孩子们高一些。我们寻找着最小的那棵树。最后，孩子们一致认为那棵三十厘米左右高的小桦树应该是最小的。应该不会有比这还小的树了吧？也许有呢！

"安娜，你蹲下身子跪在地上，然后把你的手伸出来。你看到那株带有两片叶子的小植物了吗？把它拔起来，让我们大家看看。安娜，你知道吗，你现在拔起的是一整棵树呢！"

很快，我们就证实了我们拔起一棵树是没有什么关系的，因为这个公园有割草机修剪草地，而这些小树是无法躲过割草机生存下来的。

现在我们成了侦探，想要弄清楚小树如果能够长大的话会变成什么样子。

我们发现了一个长出了一个小芽的"鼻子"（指像鼻子一样的果实），一片起皱的叶子上有一顶棕色的"贝雷帽"，而另一片起皱叶片上的"贝雷帽"已经掉落了，还有一棵小植物已经旋转开来变成了两片叶子。大家都稳稳地坐在地上。这是怎样的奇迹呀！去年夏天，我们看到的枫树的"鼻子"，现在可能已经变成了一棵树了。

孩子们知道了新长出的叶子被称为心叶，而且树木必须有这些心叶，才能长出新树叶。它们是植物的第一个厨房，非常重要，因为树木需要的食物都来自厨房。我们的心也很重要，没有了它，我们将无法生存。

一个小男孩问："我们不能找一些脑叶吗？"

对他来说，大脑显然比心脏更重要。这样与孩子们一起体验一棵小树的诞生，并参与他们的提问和思考是非常刺激的。我们睁大双眼寻找着新的小树，然后发现了一个通红的橡子。它的中间裂开了，一棵小的橡树从中生长出来。自从遇到枫树和橡树后，显然我们当天外出的任务就是发现新生的小树了。一个小女孩将一个刚刚发芽的栗子随身携带着，她要把它种在自家花园里。之后，我们发现了一些和手掌一样高的树，还有些没有拇指长的。但我们也看到了些直插云霄的大树。一个小朋友还说有棵树往上一直伸到了天空中，其他孩子都不以为然，于是，他们开始讨论起了天空真正始于何处。但是，大多数人都同意说天空始于树顶。那天，我们这些大人也学到了一课。如今每当我看到一棵大树时，我总是想：是啊，那是天空开始的地方。

那感觉很美！

最左侧是枫树种子的翅膀，从左到右分别是植物发育的不同阶段

（二）参天大树是如何长成的

通过光合作用，植物利用阳光和绿色的叶绿素将二氧化碳和水转化为各种碳水化合物。我们可以说是植物从空气中收集了碳。植物各组织的生长所需的二氧化碳通过叶片背面的气孔，被叶子吸收了进去，经光合作用形成了氧气，氧气再通过气孔被释放出来。我们人类依赖于植物在光合作用中释放的氧气，光合作用对于生活在地球上的我们来说实在是至关重要。我们生活所需的大部分必需品也来自绿色植物，比如，我们吃的食物、衣服的原材料以及我们用来建造房屋的材料等。

我们如何向我们的孩子解释这些呢？必须要用一种好玩的方式来解释说明，为孩子们日后进一步的学习打好基础。从小学开始，他们会多次遇到光合作用这个知识点。尽管如此，仍有许多学生在初中毕业时仍不了解或无法描述光合作用的原理。对于我们老师来说，这是一个挑战。在我们讲故事时，可以涵盖诸如太阳能、二氧化碳、水、碳水化合物和氧气之类的词汇，但不能作为公式一板一眼地说出来，而要将它们融入到故事中。

光合作用相关的户外活动日

儿童小组研究的是小树苗，每次外出时我们都会去寻找小树苗。我们发现随着树木的生长，它能一直长到天空那儿去。现在，我们的挑战就是要向学龄前儿童解释树木是如何长大的。

我们坐在菩提树下，它的树枝像雨伞一样悬挂在我们上方。很重要的一点是，菩提树垂下的树枝很长，所以孩子们能触摸到枝干和树叶。

"好大好美的一棵树呀！树叶看起来就跟心一样，这棵树上有好多心形的叶子呢。"

孩子们记起了另外一些也有心叶的小树，但我们跟他们解释说这并不是菩提树的第一片叶子，而是由于它们的形状，我们才将它们称为心叶。

叶子是树木的厨房，而所有的孩子都知道人类在厨房里做饭。给树叶的厨房提供热量的是什么呢？当然是可以将炉子加热起来的阳光了。做饭需要水，如果我们仔细观察叶子，就会发现叶子上有小条纹，它们被称为神经。有些神经是细小的水管，其他的神经则把煮好的食物输送给树木。但仅仅是水还不能变成食物。秘密就藏在树叶的绿颜色里——厨房里有个穿着绿色衣服的厨师。由于绿色的物质为叶绿素，所以这个厨师就被称为叶绿素夫人。她站在她的太阳能热炉旁准备着食物，把来自细小水管中的水和空气（二氧化碳）放入锅中。因此，水和空气就是树木的食物，煮熟的食物从树叶输送到树枝，再到树干，使得树木变得更高更壮。但是如果没有穿着绿色衣服的厨师，那就什么也做不成了。当我们做饭时，经常打开排风扇来排走做饭的气味。树叶也要通过树叶背面的小孔来排出做饭的气味，这时排出去的就是氧气。人类需要氧气才能生存，我们吸入了氧气，呼出树木所需的二氧化碳。

当我们在聊天时，大家都坐在树下。我们拿起叶子细细研究，看看叶子的经脉，并尝试去寻找气孔。讲故事的过程必须配合上动作——我们吸气，然后再呼气。有一些叶子因为气流的关系而发生微微地颤抖。

"看，它们在感谢我们呼出去的空气呢。"

我们吸进树叶呼出的空气，它们吸进我们呼出的空气。那儿坐着一群孩子，与树木一同呼吸，对学到的新知识感到很满足，并开始了解绿色的意义。这棵大树获得了一个大大的拥抱。需要好多孩子才能将树干围成一个圈。有个小女孩说："我猜我的猫也知道这个，因为它经常蹲在灌木丛旁呼吸。"

由一个孩子的思考，引出了动物对氧气的需求这个课题。学习这个课题的方式有许多，可以戏剧化地互相扮演动物，或是以厨师为主题作画。外出进行户外活动时，在不同的环境中，都可以在对话中使用二氧化碳、氧气、叶绿素、叶脉和气孔这些词汇，来拓展这些概念。

有孩子会说："但是，如果我们不吸进树木和花朵呼出的气体，它们会停止生长吗？"此时，我们也可以指出二氧化碳还有其他来源，比如，腐烂的树叶、树枝和动物等，这时就涉及分解过程的知识点了。孩子们的问题引导着我们进一步深入知识点，似乎永远没有终点。

化学知识——光合作用

二氧化碳 + 水 + 太阳能→葡萄糖 + 氧气

$6CO_2 + 6H_2O + 太阳能 → C_6H_{12}O_6 + 6O_2$

物理知识——毛细管力

使水通过毛细管和细管向上升的力被称为毛细管力。植物的汁液可以在植物中被传输，水分可以在土壤中移动，以及羊毛手套可以从水池中吸水等的背后都有毛细管力的作用。

毛细管力的形成有几大要素。从水表面的张力可以看出，水是一种"坚韧"的物质。水分子结合在一起，但也会被其他物质吸引。这就能解释为什么一些物体中的水会向上升，比如，树木中的水。当水从叶片中蒸发时，它便形成了一处低压，从而引起"抽吸"，使得小小细管中的水向上升。

化学知识——木头

光合作用过程中形成的葡萄糖，将在树木中经过化学反应形成纤维素长链（$C_{12}H_{22}O_{11}$）；在树木内部，还会形成木质素，充当纤维素链之间的黏合剂；纤维素和木质素之间甚至还存在着半纤维素（短纤维素链）。这三个成分共同组成了我们所谓的木头。

树干截面

（三）橡子发芽

在有橡树（*Quercus robur*）的地方，孩子们可以从橡子那儿体验到树木种子生长的力量。秋天，当橡子掉落在地上时，我们可以捡起地上的橡子。最简单的做法是捡起那些已经躺在地上一段时间，并且已经开始发芽的橡子。但也可以将完好的橡子放到室内的碗里，加入水，使橡子的一半没入水中，千万不要将它完全浸没，之后等着即可。如果水质变差了，就要换水。当看到根部长出时，就该将橡子放在花瓶中了，放在塑料瓶中也行。使用黏合剂将橡子粘在瓶颈内，加水，确保根部始终有水。当根部在瓶中生长开来后，它就可以开始"照顾自己"，并且可以在不浇水的情况下存活数月了。渐渐地，橡子开始向上发出新芽，当然这是在瓶颈不太紧的前提下。请注意，新芽与根从相同的位置长出来，也就是从"短边"长出。到春天时，可以将橡树放在室内的花盆中，以便到秋天时可以将它移植到室外。

将橡子的一半没入水中，部分橡子已经开始发芽

在这个发芽实验中，我们用了三种不同的瓶子。专为橡子设计的瓶子发芽效果最好，因为嫩芽长出来的过程中没有遇到任何困难。在塑料瓶中，我们将橡子压进了瓶盖孔，在没有外力帮助的情况下，嫩芽无法向上长出来。在糖浆瓶中，橡子被黏合剂固定在瓶口，瓶颈因此变得有点拥挤，所以它也需要外力的帮助，才能避免新芽被淹死。

材料：橡子，塑料瓶之类的瓶子以及黏合剂。

十月，使用三种不同的瓶子进行对比（a. 专为橡子设计的瓶子，b. 塑料瓶，c. 糖浆瓶），并确保根部始终有水

根的根冠

十一月，a瓶的橡子没有受到阻挡，顺利向上发出新芽

十二月，a瓶发芽效果最好，b瓶因为瓶盖阻挡，需要外力帮助新芽才能向上生长，c瓶的新芽从拥挤的瓶颈处努力向上生长

次年二月，将发芽的橡子移种在花盆里

挑战

人类砍伐了许多树木。请帮助小精灵播种树木的种子，以便她们之后能将小树苗种植到地里吧！

生物学知识——主根的根冠

观察根顶部的小小根冠，当根部穿过土壤、沙子和石头向下生长延伸时，根冠将会保护根部。橡木有一个主根，这意味着在较小的侧根向四周生长开之前，主根会笔直向下生长。因此，橡树才能稳稳地立在那儿。

技术知识——手套

就像橡树的根部有根冠一样，我们在花园里，用手挖土时，也必须戴上工作手套。否则，我们柔弱的手指尖可能会受伤。

（四）寻找树叶

使用人类中心论有助于我们学习不同的物种。比如，如果将一片叶子命名为华榛（Lena Hasselblad），利用谐音可以帮助我们记住榛树的叶子是光滑的。带着一张华榛的清晰图像，孩子们就可以出去寻找相似的叶子。为了能在成千上万种树叶中聚焦特定种类的叶子，用人名来命名叶子也是一种好的方法，它能让孩子们更好地聚焦于颜色、形状和结构。

首先，要确保在你们将要外出活动的区域内有这种树。然后，将孩子们分成几对，给他们一张树叶的图片。如果要集中学习一种特定的树，就给所有孩子分发相同的图片，如果要比较不同树木之间的叶子，那么就将几种不同种类的树叶图片分发给孩子们。让孩子们根据图片寻找叶子，找到之后再带回来。

将所有人的叶子聚集在一块白布上，按颜色分类，或按大小排列起来。如果各组孩子收集的是不同种类的叶子，那么每组孩子就有至少两种叶子，我们就可以来玩记忆游戏了，例如，用纸盘等将叶子盖住，然后来猜叶子的种类。

材料：白布、附录二中的叶子塑封插图。

附录中展示的叶子有：华榛（光滑的榛叶），豆白杨（发抖的白杨叶），波浪橡（像波浪的像树叶），年松（有黏性的松针），"松"姓双胞胎（松针双胞胎），多叶白拉（多叶的白蜡树），小牙桦（有小牙齿的桦树），麦凯（有叶脉的凯木），心菩提（心形菩提树），花楸夫妇（成双成对的花楸），钱烈凤（浅裂的枫叶），习柳（细柳）。

纤细的黄花柳

挑战

帮助小精灵找到她们的朋友——树叶吧！

小贴士

树叶相关的手工制作

将树叶放在白纸下方，用蜡笔在纸上描出树叶的形状。
将树叶压平并风干，用于制作植物图画。
将一堆树叶压在一起。
进行降解实验（请参考"隐秘的门"部分）。
做一个树叶皇冠。
将树叶塑封起来，并用于记忆游戏。

（五）哪片叶子先长出来，并先凋落

想要查看哪片树叶在秋天最先掉落，其中一种简单的方法就是将彩色的纱线轻轻地绑在树叶所在的枝干上。选择不同的树木，然后让每个孩子将自己的纱线绑在叶子所在的枝干上。如果几个孩子在同一棵树上绑纱线，最好让他们使用不同的颜色，以便他们能够跟踪自己的树叶。从9月到11月，跟踪树叶的变化，尽情地将树叶颜色变化过程拍照记录下来。

春天时，可以跟踪从树芽到树叶的发育过程。2月，将纱线绑在树枝上。不要绑得太紧，否则树枝可能会被勒死并脱落。

材料：彩色纱线。

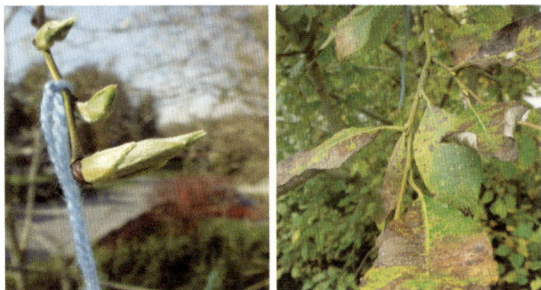

在一个季度中，我们每隔一周就在这儿跟踪一棵黄花柳（*Salix caprea*）的生长。用一根蓝色的纱线能够帮助我们找到正确的树枝。左边的照片摄于5月2日，右边则是在10月18日拍的

生物学知识——发芽和落叶

树木发芽和落叶的时间，取决于不同的化学物质，包括不同的激素。而这些化学物质则受光线和温度的影响。

生物学知识——树叶还是落叶 [1]？

从植物学的角度来看，树干上有光合作用发生的绿色部分被称为树叶，甚至针叶也是树叶。瑞典语中，树叶（blad）一词还出现在羽状的（parbladig）、树叶神经（bladnerv）和心叶（hjärtblad）这些词汇中。在大众生活和文学中，落叶一词也经常被用到，尤其是当树叶掉到地上时。落叶（löv）一词还出现在分解（lövsprickning）、腐烂（lövhalka）和用耙子耙树叶（räfsa löv）这些用语中。但是，在植物学中也必须使用"落叶"一词来区分落叶林和针叶林，它们给其他生命提供的生存条件是非常不同的。

---

1. 译者注：瑞典语中 blad 和 löv 很容易被用混，所以作者在这里特别指出两者的区别。但实际在中文中，树叶和落叶很少被混淆使用。

（六）谢谢灌木柳让我们能吃到冰淇淋

春天真的来了。漫长的冬天过后，阳光温暖宜人，并点燃了生活新的希望。我们待在户外为一个学龄前儿童小组筹划着一项活动。我们背靠着树席地而坐，闭着眼睛享受着春日的阳光。接着，我们听见了期待已久的声音，嗡嗡声低沉而多疑。哟呵，是她——蜂后！她迟疑地向上飞，在干燥的草地上空小范围的飞来飞去——她是女王，但还没有合适的王宫，但她将搞定一切，包括筑巢和觅食。许多危险潜伏在四周，或是风吹雨打，或是可能要很久才能找到食物，或是倒春寒降临，好几个蜂后都在这里死掉了，希望我们的女王能一帆风顺啊。

一周后，我们来到同一个地方。我们愿意相信再见到的正是我们的女王。我们的女王和其他几位蜂后还有蜜蜂一起发现了金黄色的柳树——黄花柳。我们站在一棵很像大灌木的乔木下，闭上眼睛集中注意力。整棵树都在嗡嗡作响，仿佛它将和它的上宾一起从地面升起，然后飘走。黄花柳很乐意请它们吃一顿早餐，同时被授粉。

年复一年的春天，我们都让孩子们和大人们在这思考自然的神奇，因为这不过是开始而已。

蜂后觉得田鼠洞是建造房屋的好地方，她闻着田鼠尿液的气味就过来了

黄花柳的雄花和饥饿的黄蜂

开满花的灌木柳树丛旁边的孩子或弯着腰，或蹲在地上

谢谢你的冰淇淋

我们带着一队孩子在户外走着，在一棵柳树下停住了脚步。我们敦促孩子们点头示意并弯腰说："谢谢善良的灌木柳让我们能吃到冰淇淋。"

孩子们看起来很怀疑，人们吃到冰淇淋需要灌木柳的帮助吗？你们没尝过格蕾丝牌（GB）的新款冰淇淋吗？大家坐了下来，其中一位教育者开始讲起关于蜂后的故事。直到现在，孩子们才抬头望着树，感受四周的嗡嗡声。女王还在工作，她将会找到一个很好的住所——可能会是一个废弃的地鼠洞。在那里，她将用收集来的苔藓搭建起一个新的社区，在苔藓床上放下花粉和蜂蜜，然后筑起一个蜡室（蜡是她从自己身体里挤出来的）。最后，她将产下十个左右的卵，并将蜡室封起来。搭建新蜡室，加上给幼虫和自己觅食的工作，一般要持续数周的时间。

大约四周过后，新生的小黄蜂长大了。现在，女王可以开始过上皇家的生活了：她有了自己的王宫。尽管第一批黄蜂很小，寿命也不长，但它们已经可以处理所有的工作了——搭建新蜡室，扩大社区规模，给女王觅食，保持环境卫生，并在需要时给女王清洁身体。女王的工作就只剩下继续产卵了。

新的一批批体型更大的黄蜂长大了。夏天来临，三叶草草地上盛开着鲜花——黄蜂是三叶草的最佳传粉者。三叶草草甸可以用来放牧，或是成为我们的奶牛们的冬季牧场。

一只黄蜂和蜡室

黄蜂是三叶草最勤奋的授粉者

"我们从奶牛那里得到什么呢？"

一个小家伙举起手，开心地回答："炖牛肉！"

"说得没错。"

"我们还能得到别的吗？"

"牛奶！"

奶牛吃三叶草

奶牛产牛奶

牛奶制成奶油

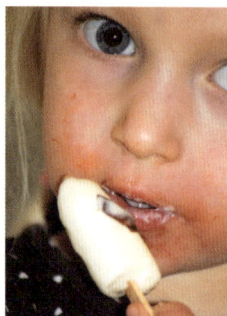

奶油冰淇淋

有了牛奶，我们就能制作黄油、奶酪和奶油。

"用奶油能做什么？"

"冰淇淋！"

小贴士

从灌木柳到冰淇淋

"灌木柳—黄蜂—三叶草—奶牛—牛奶—奶油—冰淇淋"展示了从灌木柳到冰淇淋的过程。

现在，大人和小孩都非常乐意给灌木柳点头鞠躬了，感谢它们为冰淇淋作出的贡献。

"人们从灌木柳那儿收获得真多呀，有我喜欢的酸奶和软奶酪。"一个小女孩说。

为了体验的完整性，选择合适的时间和地点很重要。秋天时，我们有时被人提问道："你能说说灌木柳和冰淇淋的故事吗？"

答案是不能，因为那对孩子而言将会是一个相当平淡无奇的体验。春天的时候，虽然如果下雨的话也听不到嗡嗡声，但我们还是会走过那棵花朵盛开的黄花柳，目的是让孩子们懂得节约甜点的道理。

我们偶尔会遇到几年前我们培训过的老师们，他们说："当我再见到一棵开花的黄花柳时，我总是点头感谢它让我能吃到冰淇淋。"

我们只希望他们能将知识传递给新的学生。如一位学生说的："你们有没有想过所有这些都是关联在一起的？"

他已经理解了，这让人至今心里都感觉暖暖的。

这里混合了"灌木柳"和"黄花柳"这两个词，而我们在讲故事时选择了使用了灌木柳，是因为大多数人都知道"睡吧，小灌木柳"[1]这首诗。

用戏剧化的方式将故事呈现出来也很好，可以简单排练一出关于灌木柳和冰淇淋的戏。

生物学知识——生态系统服务

黄蜂和蜜蜂给三叶草、蓝莓和果树授粉。这属于昆虫们的工作，而人类也从中受益。这些工作被称为生态系统服务，该术语被用来展现自然界给人类提供的价值。其他例子包括帮助树木生长的真菌，净化水的细菌以及产生氧气的植物。

挑战 1

自去年秋天以来，玛卡和米拉就再也没有见过她们的朋友蜂后了。帮她们找到她，让她们能和蜂后问声好吧！

挑战 2

帮玛卡和米拉收集从柳树上飘落到地上的"绒毛"吧！她们将要制作一床被子。

---

1. 译者注：瑞典著名儿童戏剧中的一首诗。

小贴士

为女王制作窝

要制作一个女王居住的窝，可以在朝北的空旷草坡上竖直埋下一个陶罐。为了让她找过来，最好放入一些取自田鼠洞里的草，或是从动物园里的商店要少量的鼠笼中的刨花。

（七）慷慨的树——花楸树

夏末时节，我们舒适地坐在草地上，这个时节的阳光还是暖暖的。在与孩子们见面之前，我们已经事先做好了准备，剪下了一些花楸浆果，以便每个孩子都有一串。

"你有什么好玩的东西吗？"一个孩子问。

"嗯，在这个小袋子里，我有足足 30 个苹果。"

"不会吧，你肯定在开玩笑，苹果不可能这么小。这么小的袋子，只能放下一个苹果吧。"

"现在你们每个人都能拿到光滑的红苹果，所以你们保证要相信我，除了你们拿到的是苹果之外，别的什么就都别说了哦。"

孩子们咯咯笑着说他们可能知道这是什么了。但是他们没有说破，因为想象是件令人兴奋的事。一个女孩说："是的，如果人类是住在树桩里的小人儿，那这就是个超级大苹果了。"

"现在我们来研究一下这个小苹果，大家小心拿好了。为了让你们能看清楚老师展示的内容，老师带来了一个大红苹果。现在，要把你们的苹果和老师的进行对比。"

"外面光滑的叫什么？"

答案很快就出来了："苹果皮。"

"你们的苹果也有果皮吗？"

"有，它们有的。"

用同样的方式继续提问。和大苹果一样，这小苹果也有果皮、果柄、果蒂、果肉和果核。我们提问的速度很慢，以便孩子们都有时间去观察研究。

要在果皮上挖孔，或是找到苹果内部的果核都并非易事。

"你敢把小苹果的果肉放在舌头上吗？"

这时，很多小朋友都发出"不要不要"的声音，但也有一些孩子不想让我们失望，于是就照做了，而事实上，他们真的觉得它尝起来有点像苹果。这时，我们拿出一大簇可爱的花楸浆果。

"我们早就知道那是花楸浆果了。"

大家都同意它们确实像小苹果，可能应该将它们称为花楸苹果，而不是什么花楸浆果。

有一种昆虫叫花楸浆果虫，它把卵产在花楸浆果中，因为对于它的幼虫而言，这是个进食的好地方。如果某年没有足够多的花楸浆果，它们也会把卵产在苹果中，因为二者的味道差不多。我们觉得幼虫生活在花楸浆果中更好，因为我们不想在苹果中看到这些虫子。我们找到一处有花楸树的地方，那儿可爱的花楸树早已硕果累累了。

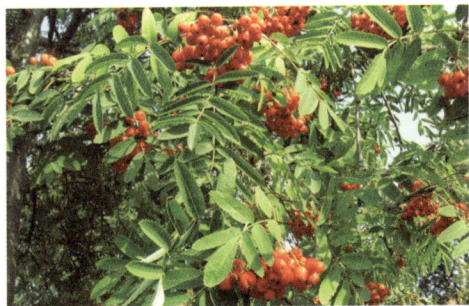

花楸树

"如果它能说话，你们觉得它会说什么？"

有一些提议说：

"这里真美呀！"

"不要采摘我的浆果！"

"不要互相扔我的浆果呀！"

"请跟鸟儿说不要吃掉所有的浆果！"

"你们没听见它说话吗？我现在听到了！听！它正在大喊着'所有的鸟儿们，大家快过来呀，我请大家吃早餐、午餐和晚餐。欢迎来到最好的鸟类餐厅！我有这么多浆果，孩子们如果想制作漂亮的项链，或者想用野营锅炉来煮果冻的话，也都是足够的。'"

不，花楸树不能说话，但是由于浆果红色的光泽，鸟儿看到它们，就知道这是很好的食物了。鸟儿吃了浆果对花楸树也有好处，因为当它们真正吃饱了之后，就会离开花楸树飞到其他地方，很放松地坐着休息。接着会发生什么呢？毫无疑问，它们就要排便了。带有种子的粪便落到离花楸树有一定距离的地面上，一棵新树就将长出来了。于是，鸟儿就帮助花楸树种植了新的树木。

我们决定要找一找小花楸树。怎么样才能认出小树呢？毕竟小花楸树还没有浆果。我们能根据树叶认出花楸树吗？

1. 神奇的花楸树

看那上面，树杈上长着一棵小花楸树。

神奇的是那棵大树并不是花楸树，而是桦树！人们认为它是自己飞到桦树上去的，所以称之为"飞翔的绿色"。很久以前，人们相信这样小的花楸树具有神奇的力量，赋予了它神秘的色彩。比如谷仓里有一头生病的小牛，你就可以借助"飞翔的绿色"的能量。这可不简单，你要拿一根花楸的小树枝，并且当你爬上去取树枝时，得有月光照耀。由于不能让人看到那根小树枝，所以要把它好好地放在口袋里。然后你走到生病的小牛边，把小树枝放在小牛的身上。如果小牛身体恢复了，那这肯定是要归功于"飞翔的绿色"的。如果没有奏效，小牛的病情恶化甚至死掉了，那肯定有什么原因让它没能发挥功效。可能是当小花楸树枝被摘下时，有一朵乌云遮住了月亮。最糟糕的可能就是有女巫从树下经过，那样"飞翔的绿色"所有的能量都会消失得无影无踪。

随着科学的发展，我们知道了，把花楸树种在大树上的可能是鸟儿，它吃了花楸浆果后可能把树杈当作厕所了，于是在那里长出了一棵小树。但想象一下这棵小花楸在明月当空的夜晚飞到桦树上，并在那里继续生长下去的画面，当然还是很让人兴奋的。

挑战

玛卡和米拉要去花楸树家参加派对。帮她们搭配项链和其他饰品，让她们看起来美美的吧！

生物学知识——花楸（*Sorbus aucuparia*）的传播

鸟类需要能量丰富的食物，吃下花楸树的浆果后，它们就能帮助花楸树将后代传播到新的地方。为了使花楸树能发芽，种子首先要经过鸟儿的肚子，然后随鸟粪一起传播出去。

这意味着我们可以在花楸树附近找到更小的花楸树，但也有离得比较远的。鸟儿还会在老树的树杈上，或在长时间未冲洗的排水沟中排便，然后神奇的"飞翔的绿色"就长出来了。

"看呀，这其实也不难。就和我们外出时一样，老师先走，我们小孩子手牵手在后面跟着一起走。"

和过往的数次一样，我们从孩子那儿得到了最好的提示。看看花楸叶，我们立马明白了他的意思。过不了一会儿，孩子们就在幼儿园附近的灌木丛中找到了小花楸树。这时急需纸和蜡笔，因为现在我们要把它画下来了。

通过说故事的方式来和孩子们交流知识真是太棒了。通常我们能从孩子们的分享中了解他是否真正掌握了相关知识，比如问他们："还记得我们什么时候看到了小苹果吗？"

作为教育者，重要的是我们能把将要传达的知识以故事的形式来表达，能事先多想一下——我们怎么才能把故事说得更好玩点，来吸引孩子的注意力，并让他们获得一个积极的体验呢？

2. 花楸浆果果冻

材料：4升花楸浆果、8分升[1]水和2千克糖粉。

冲洗浆果并摘除掉所有的树枝，然后将浆果放入锅中，加入水，盖上盖子煮20分钟左右。当浆果开始变软时，用大铁勺将浆果压到锅的边缘，然后用过滤布将果汁过滤出来。

将果汁倒入锅中，煮5分钟左右。边搅拌边分次少量加入糖一直煮着（在煮的过程中会浮出许多泡沫），直到混合物变浓稠且果冻样品制作成功为止。你可以这样来简单测试一下果冻是否已经做好：在盘子上倒一点果冻，然后将汤匙或小刀笔直划过，如果果冻不再流动，那它就做好了。

挑战 1

米拉很想吃苹果。她的朋友有个苹果。朋友告诉米拉，需要用和她的苹

---

1. 译者注：1分升=0.1升，以下同。

果一样重的花楸浆果来交换苹果。帮米拉去摘些和一个苹果一样重的花楸浆果吧！

挑战2

小精灵要去拜访墨丁，她们想要带着花楸浆果果冻作为礼物。帮助她们制作果冻吧！

挑战3

玛卡和米拉需要帮助，她们要在大花楸树下或附近的灌木丛中找到小花楸树。帮助她们找到和她们自己差不多高的花楸树吧。

花楸果像不像小小的苹果

化学知识——果冻、山梨糖醇

果冻

果胶是一种胶状物质，在不同的水果和浆果中的含量不同。通常，酸性的浆果和水果中的果胶含量高于较甜的浆果和水果，而未成熟的浆果中的果胶含量则高于熟透了的浆果。

果胶、浆果中的天然酸性成分，以及添加的糖一起会使果冻发生固化。

资料来源：《外出来到大自然的食品储藏室》

山梨糖醇

花楸的拉丁语是 *Sorbus aucuparia*，也是白花楸的拉丁语名。*Sorbus aucuparia* 这个拉丁语也包含了山梨糖醇，它最早是从花楸树中提取而来的，是一种糖醇，在婴幼儿牙膏中用作甜味剂。山梨糖醇存在于花楸浆果和其他水果中，大多存在于梅干中。山梨糖醇还会让人腹泻。

（八）秋老人

这是一项创造性活动，将会打开孩子们的视野，让孩子们看到秋天所有的色彩和各种天然材料。用收集的材料在地上拼出一个老人，也许还可以合唱《秋老人》这首歌。

首先，大家一起收集适合老人轮廓的天然材料，例如，球果或棍棒等。然后，一个孩子或大人伸出手臂和双腿躺在地上。收集来的材料放在人周围的地面上，形成人的轮廓。当躺在地上的人由别人帮着站起身后，就可以用秋天的落叶，以及其他秋天能在自然界中找到的美丽物体来填补这个轮廓了。忽然之间，秋老人就躺在那儿了！

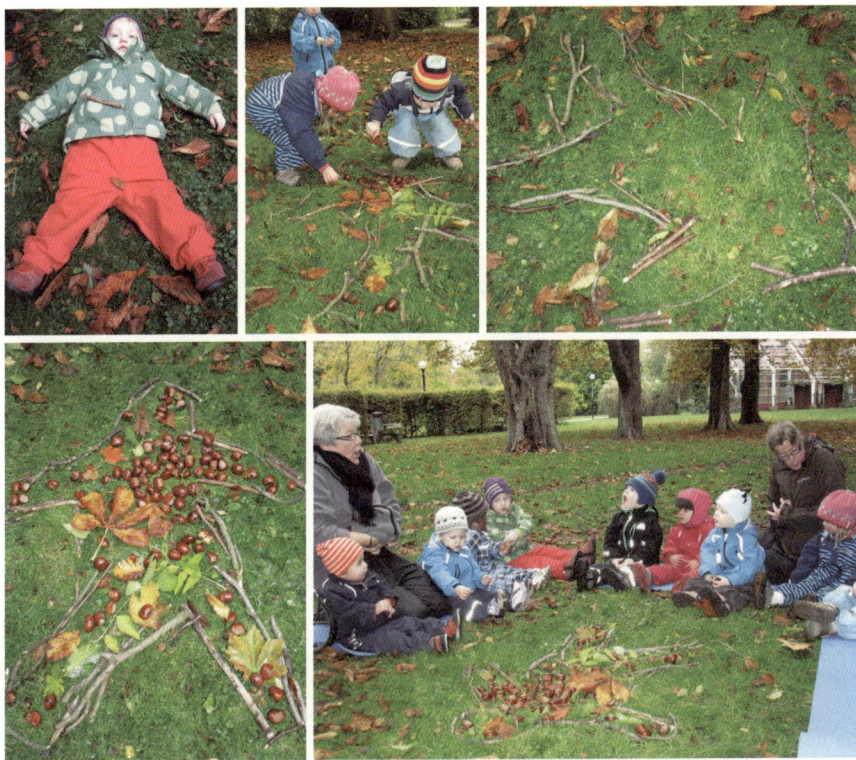

秋老人活动图示

秋季

根据瑞典气象水利局（SMHI）的描述，秋季开始的气象学定义是气温下降，持续 5 天的平均温度在 0℃至 10℃之间的时间段。另外，秋天最早从 8 月 1 日开始。如果在这之前气温就降到秋季的温度，那这就只能算是一个异常寒冷的夏天了。在中国，传统上是以二十四节气的"立秋"作为秋季的起点。进入秋季，意味着降雨、湿度等趋于下降或减少，在自然界中万物开始从繁茂成长趋向萧索成熟，也意味着炎热天气已过去，开始凉爽。现中国划分四季常根据气温变化划分，采用的是近代学者张宝堃的"候平均气温"划分。按候平均气温法，判定入秋主要有两个标准，一是连续五天日平均气温介于 10℃～22℃即可视为入秋，成为"简标"；二是连续 5 组滑动平均气温低于 22℃。一组滑动平均气温指当天平均气温加上前四天平均气温除以 5，得出 5 天滑动平均气温，这是"滑标"。

化学知识——秋天的颜色

叶子中的叶绿素吸收红色和蓝色的光，光线中的能量被用于光合作用，而绿光被反射回来，因此，我们看到的叶子是绿色的。秋天，叶绿素被分解掉并从叶子上被运走，被保存起来用于来年的春天。于是，绿光开始被吸收，而我们感知到的红色和黄色的光被反射回来。

挑战 1

小精灵想要向秋老人致敬。帮她们制作一个能代表秋老人的艺术作品吧！

挑战 2

小精灵想种灌木和乔木。帮她们找到种子和果实吧！

桤木的球果中含有种子

（九）果实和它的"妈妈"[1]

这项活动将以好玩刺激的方式，让孩子们留意附近灌木和乔木中有些什么。孩子们作为侦探，任务是要找到特定的灌木或乔木。

将孩子们分成小组，向每个小组分发水果或浆果。让孩子们寻找水果或浆果所属的灌木或乔木。给每种水果摘一片叶子，并展览出来。

让各小组自由地分享他们认识的水果种类，以及他们知道的水果名称。孩子们的好奇心被调动起来之后，抓住机会进一步研究物种的知识，例如，可以使用收集到的材料玩形状记忆游戏"布尔"或"金姆的游戏"。

替换方案：将附录中带有照片的纸片分发给孩子们，让孩子们去寻找树叶和果实。

材料：用于小组展示的白色桌布。

生物学知识——浆果还是果实

在生物学中，"果实"一词被用于指含有植物后代本身的那一部分植物器官。

浆果、坚果、橡子、西红柿和枫树的"鼻子"就是果实的一些例子。浆果是含有种子的果实。浆果种子被多汁的果肉所包围，吸引着动物来吃。蓝莓和越橘都是浆果，黄瓜和香蕉也符合浆果的定义，还有果肉内部只有一颗大种子的牛油果。

（十）芽

在深秋和冬季，当树叶从树上掉下来时，很容易看到芽。让孩子们研究一下，思考并比较他们看到的东西。

给每个孩子分发一根小树枝，让他们用放大镜研究芽。让孩子们描述一下他们所看到的东西，并思考他们看到的东西是否相同。提出有成效的问题，让孩子们能积极地去寻找答案。有关芽的有成效的问题示例如下。

——树枝上有多少个芽？

——芽是怎么长在树枝上的？

——芽摸上去是什么感觉？

---

1. 译者注：Sådan mor sådan frukter，瑞典语中 mor 直译为母亲，frukter 为水果，孩子们通过水果找到它们所属的灌木或乔木，类似如父如子。

——芽鳞有哪些颜色？

——所有的芽看起来都一样吗？

——你觉得有可能知道芽内部有什么吗？

——你能让芽打开自己的身体吗？

有些问题需要进行一次或多次试验才能获得答案。让孩子们就应该如何进行试验提出他们的建议，并让他们事先提出自己的假设。

使用尺子或让孩子用用自己的方式，例如，用拇指或指甲等，进一步绘制并测量树枝和芽的尺寸。

材料：树枝、放大镜、纸张和蜡笔。

春天来了！在热蜡烛上加热桤木的树芽，会发生什么呢

在秋冬时节，芽被鳞片包裹着。向孩子们展示树芽，并告诉他们芽周围的东西被称为芽鳞，在冬天时会保护树芽，这样的知识孩子们可能不会记得很牢。不过，如果我们将芽鳞比作冬天的衣服，那讲解就立马变得有趣多了。山毛榉的芽非常有教育意义，因为它的鳞片很多，可以一次撕下一片芽鳞慢慢展示。

"你们知道这是什么吗？对，这是件冬天的外套。再看这里！是一顶帽子。"

接着继续展示毛衣、围巾、裤子、冬天的靴子和袜子。最后，当内衣裤脱落后，全身裸露的小芽展现出来了，浅绿而柔软。和我们一样，它也在期待着春天和阳光，到时它就可以脱下所有厚厚的冬装，将准备了许久的树叶伸展开来了。

　　春天来了，叶子开始生长开来，孩子们会在地面上找到毛衣、冬帽和其他的衣物。他们把这些收集起来，并讨论它们都是些什么衣物。孩子们可能已经忘记了它们被称为芽鳞，但是他们这一生都会记得那是芽的冬衣。

欧洲山毛榉（*Fagus sylvatica*）的树芽刚刚破壳而出，长长的芽鳞在落到地面之前将挂在树芽上一段时间

挪威枫树（*Acer platanoides*）的树芽刚刚张开，一枝新芽伸了出来。芽鳞躺在树下的地面上

枫树树芽

帽子具有与芽鳞相同的
功能——保护"芽"

黄花柳花蕾的两片芽鳞内有"毛皮帽子"。
这对黄花柳是很好的，因为它会让黄花柳在天
气依旧很冷的时候提前开花

挑战

叶子开始长出来了，而玛卡和米拉对芽的冬衣很好奇。所有冬衣看起来
都一样吗？找一找是否还有尚未把所有衣服都脱掉的芽。

生物学知识——芽鳞

桤木就是很好的研究对象，因为它只有两片芽鳞。

小贴士

《树木之芽》

请阅读安德斯·拉普的书《树木之芽》，了解更多
关于树芽的知识。

（十一）所有的树木都开花吗

丁香树开花，花楸树、苹果树和枫树也会开花。但是橡树、山毛榉、云
杉和桦树，它们也开花吗？

作为成年人，我们知道所有树木都必须开花，否则它们将没有种子或果
实。但再想想，肯定能引发很多思考。橡树的确会开花，但花长什么样呢？

它们不仅开花，还必须有雄花和雌花，才能长出种子或果实。

某些树种中，同一棵树上既有雄花又有雌花，而有些树种中，雄花和雌花则生长在不同的树上；有些树在裸露的树枝上开花，而另一些则在叶子长出来之后才开花。这使大自然变得更加复杂了。我们不需要是树木专家也可以成为一名花朵侦探。只需了解一点知识，我们就可以启发孩子们开始研究一些树木了。

1. 桦树（*Betula* sp.）

从一个宝宝的出生同时需要一个女人和一个男人出发，向孩子们说明乔木和灌木也是如此。选择你们周围的树木进行说明。本次的教学目的不是要教孩子所有树木的花看起来如何，而是要让他们注意到树上有开花，即使这些树并不像一些果树那样招展它们美丽的花。

长遍瑞典全国各地的桦树就是一个例子。它很容易被认出来，但有点棘手的是它的花序常年都挂在那儿。冬天，我们看到的是坚硬封闭的雄性花序，早春时节，在叶子长出来之前，它们又变成了美丽的黄色，并且长满了花粉。因为有人花粉过敏，因此并非所有人都喜欢它。

现在请务必睁大双眼，仔细察看带有花序的树枝。如果幸运的话，你们会看到从树枝上笔直长出来的绿色小雌花。花粉随风飘动，使雌花受精。完美的情况下，雌雄花生长的位置是有点杂乱的，这样雌花就可以从另一棵桦树上获取花粉。

雌花受精后，雄花序将很快掉落在地上。叶子长出来后，雌花序将变得更重，并蜷缩起来。如果我们不仔细观察的话，很容易认为它和去年春天长得一样。到了夏末，我们可以将花序弄碎，看看它形成了多少颗种子。用放大镜看一下，可以发现"鳞片"有两种类型，有些看上去像鸟，有些看上去像蝴蝶。像蝴蝶的就是种子，很快我们地面上就会有许多桦树种子了。

桦树刚刚长出的雄花序和雌花序

图为老的雄花序（左）和雌花序（右）

桦树的种子看起来就像有翅膀和触角的小蝴蝶，里面包着的种子的鳞片看起来像鸟儿

2. 欧洲榛树（*Corylus avellana*）

要发现欧洲榛树的雄花序是很容易的，夏末时，它们就已经长出来了。要找到雌花的话，需要我们有更多的耐心。早春时节，在雄花序变黄之前，我们仔细观察树枝，肯定会在一些芽上看到小的红色穗子，那就是雌花。现在我们可算找到"榛小姐"了。花粉被风吹到这些小花上，很快她就失去了美丽的红色——她受精了。于是榛果便开始生长起来。

让学龄前儿童知道有雌花和雄花，并且在风和昆虫的帮助下，两种花都必不可少才能形成种子和果实，这就足够了。如果大家已经开始寻找树木上的花朵，很快就会发现更多开花的树木。与孩子们一起思考，开花的树是如何进行授粉的呢？又是谁帮它授的粉？如果是果树，你们可能会幸运地听到树里面及周围是如何嗡嗡作响的。你们也许会看到穿着"黄色裤子"的蜜蜂，它们收集的就是花粉。蜜蜂收集花蜜和花粉，将它们带回巢中，大部分将作为幼虫的食物。大多数情况下，在裸露的树枝上早早开花的乔木和灌木是由风来进行授粉的，那时，昆虫们还没有从冬眠中醒过来呢。

晚春和初夏，香气扑鼻的鲜花则由昆虫来帮它们授粉。

桤木，左边的雌花之后会变成球果，右边的是雄花序

榛树的雌花早在二三月间便从芽鳞中伸
展出来了

云杉（*Picea abies*）的雄花

枫树（*Acer platanoides*）的花

借助放大镜，大家在五月份就可以看到已经开
始生长起来的枫树种子的翅膀了。中间看到的是雌
蕊，雄蕊围绕在四周。在雌蕊的下方，种子开始发
育并逐渐变成了"鼻子"

橡树（*Quercus robur*）的雌花，右边的是橡树的雄花

红松（*Pinus silvestris*）的球果与雌花

红松的雄花

山杨（*Populus*）的雌花

（十二）树枝鱼

如果附近有地方在裁剪树枝，请抓住机会收集好制作树枝鱼的材料。或者，如果院子里有需要修剪的绿色小屋[1]，那也可以借此机会来开展这项活动。这是很简单的技术，制作成果可以最终用作装饰。春天是最好的季节，因为再晚些时候树枝就会变硬，就会更容易被折断了。

材料：树枝、剪刀、刀和绳子。

取一根细细的树枝，将树枝掰弯，使其两端靠近，这样看起来就像是一条只有身体，且尾鳍张着的鱼的轮廓。然后根据孩子们的年龄和活动能力，按不同的方式来进行下一步的操作

最简单的方法就是仅用一根绳子将树枝两头相交的地方绑在一起，做成一个鱼尾。使用钢丝也是可行的

稍微更加高级的做法则是在尾巴开始的地方，用刀子穿过树枝一端穿出一个小孔

然后将树枝的另一端穿过小孔，小鱼就有尾巴了

1. 译者注：一般指在室外由竹子或藤条等搭建起来的绿色空间。

在鱼的身体轮廓内附加"支撑棒",进一步把树枝鱼加工一下。剪一条与鱼的身体一样长的新树枝,在树枝的前端开一个分叉口,然后将开口端连接到鱼的前面(参见图片),将其穿过后方的小孔或通过绑扎来固定住后端

现在可以用树枝来编织鱼的身体了　　　　　　　　　将树枝鱼挂起来

挑战

小精灵想要以她们很喜欢的东西为原型创作出一件艺术作品。她们很喜欢鱼,不过她们只有树枝,请帮助她们创作一条树枝鱼。

技术知识——编织

用不同的材料进行编织是一种非常古老的技术了,即使在今天,它仍旧是一门富有生命力的手工艺。一般可以用树枝、木头刨花、树皮、苔藓、草和芦苇叶等材料进行编织。

必须将树枝顶部削成箭头才能更好地往地下插入树枝。被清除的小分枝可以用来制作树枝鱼

生物学知识——激素、柳属

激素

树枝顶端有一种可以抑制侧芽萌发的生长激素，于是树芽便直接从主干上长出来了。当顶部被切断时，这种激素就消失了，于是侧芽便能从枝干的多个位置萌发出来了。

柳属

柳树、黄花柳和灌木柳均属于柳属，它是一种生长迅速的物种，是麋鹿、小鹿和山羊都喜欢的食物。它们的花在早春时节还为许多昆虫提供食物。因此，它们是生物多样性的重要组成部分。

（十三）森林里的小精灵——想象还是谎言

有时我们觉得孩子的想象超出了界限，会尝试去纠正和控制。我们或许会说："这应该不是真的吧？"

这时要点是要去启发孩子，而不是扼杀他们的想象，否则可能会使孩子产生罪恶感。想象一下一个拥有丰富想象力，并能够自己一个人或与朋友一起，在游戏中发挥想象的孩子，他该有多快乐呀！

在我开始说之前，我们先讨论一下什么是谎言，什么是想象。孩子们通常很清楚区别是什么。奥勒说："如果我说马库斯拿了我的车，但我知道他

77

其实并没有拿，那我就说了一个谎。但是，如果我说我的小木屋里有山妖和狼，那就是想象了。"

"那皮皮和埃米尔[1]不是谎言喽？"

大家一致同意皮皮和埃米尔均属于想象。我们坐在一个很棒的地方，这里有石头、树木和树桩。苔藓生长在岩石表面和底部，树干旁边有一些啮齿动物居住的小洞穴。

"你们知道我非常喜欢到树林里来，有时是和孩子一起，有时就自己一个人。我非常喜欢这里。我现在要告诉大家这里不久前发生的一件很刺激的事情。我当时坐在这个树桩这儿喝咖啡，然后一个老爷爷向我走过来。他经常在树林里散步，我们通常还会互相打招呼。他说：'我知道这有些不可思议，但是我还是想跟你说件事。'

然后，他在我身旁坐了下来。'你现在可不能觉得是我疯了。'于是，故事开始了。

有天晚上，天开始黑了下来，我坐在一个树桩上，是的，正好是你现在坐着的这个树桩，我想着在继续散步之前先休息片刻。突然间，我听到了很细微的声音，好像有人在说笑闲聊。声音来自你看到的那片黑莓灌木丛中。我当时以为是有小动物在灌木丛中穿梭，想着很可能是老鼠在那儿玩耍，于是起身悄悄靠近。我简直不敢相信自己的眼睛！因为我看到在地上以及在灌木丛中悬挂和跳跃着的竟是一些小小的人影。他们和孩子的大拇指一般高。我又坐了下来，揉了揉眼睛。是我出门太久了吗？是我太累了吗？我往前看，这时小精灵们好像也看见了我，一溜烟就消失了。

我坐着思考了许久，天也快黑透了。我口袋里有一根绳子，于是我想如果我把它挂在灌木丛中，我就知道是在哪儿看见了小精灵的。我忍不住用绳子在灌木丛中上下左右绕了一个小圈，还幻想之后小精灵们过来玩耍的场景。然后，我回到家，试图忘记我所看到的一切。我当时应该还睡了一会儿，做了会儿梦。但是，我还是放不下那些小精灵，于是天黑了之后，我又走进了树林。当我走近那个地方时，我的心跳得很快。我看到了什么？对，在绳子上挂着咯咯笑得很开心的小精灵。糟糕的是，他们很快又发现了我。于是，他们又消失了。从那以后，我再也没有见过他们。

---

1. 译者注：皮皮和埃米尔分别是瑞典著名儿童文学家阿斯特丽德·林德格伦的童话小说《长袜子皮皮》和《淘气包埃米尔》中的主人公。

这就是他告诉我的故事。我们告别之后，我还继续在那儿坐着。"

随着我说得越多，孩子们的眼睛越睁越大。

"但这不是真的吧？"

"嗯，这我可不知道。我只是把老爷爷说的跟你们说了。"

现在，充满疑问和思考的对话变得好玩起来。有人说这不是谎言，也许是个想象。我向孩子们建议，也许我们可以为小精灵们搭建一条小小冒险之路，因为我们永远不会知道小精灵是不是真的。

将孩子们分成几个小组，每组孩子们将得到一根大约 2 米的纱线，让他们用自然界已有的物体，例如，树木、树枝、树桩和石头等，来设计路径。孩子们自己设计的路径上有几种运动类别呢？奔跑、跳跃、爬行、攀爬、投掷、接收和平衡训练？最后，让孩子们互相试试对方设计的路径。我们讨论说冒险之路一定不能设置得太难，并且必须要考虑到，如果他们要蹦跳的话，绳子还得很柔韧才行。当然冒险之路肯定得很好玩儿，也许会让小精灵们从什么物体下方爬过去呢。

现在不需要再给孩子们任何建议或提示了。活动持续着，想象力源源不绝。秋千、滑梯、隧道、缆车和休息的床都被搭建了起来。

这项活动最困难的是如何结束，因为孩子们会不断冒出新的想法。我们会看到孩子们是如何发挥想象力和创造力的。

现在，不同的小组可以互相展示他们搭建的冒险之路了。他们用一根手指沿着道路前进，并讲述着小精灵们在各个地方可以做些什么。我们不能通过将纱线收回来这种方式生硬地把活动结束掉，还是得通过其他方式才行。

在离开的路上，听着孩子们的想法，真是太美妙了。

"我们家做游戏的草地上可能也会有小精灵。"

"我们回家后在那儿也搭建一条冒险之路吧？"

通过讲一个好玩儿的故事来创建活动是一种很好的方法。孩子们有任务要完成，但同时他们也有很大的空间能自由创造。作为一名教育者，我们也有了很好的机会来研究孩子们在小组中的工作方式，以及他们在与同龄人合作时扮演的是什么角色。

下次当我们再来到这个地方，所有的美好记忆都会浮现出来。我们还会摸摸口袋，看看里面是否可能还有一根绳子哩。

拓展

建造和构造可以让孩子们发挥出他们的创造力，并培养他们的协作能力。另外，能够让孩子们挑战并突破自己的运动能力和协调能力。孩子们在为小精灵搭建小路之后，可能还会想继续为自己搭建一条冒险之路呢。

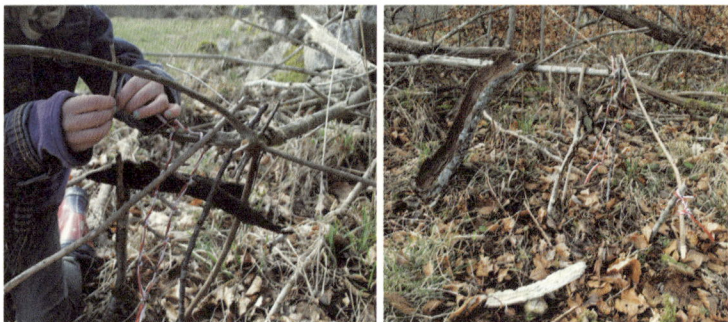

挑战

给小精灵做一条既有滑梯又有绳梯的小路吧。

(十四)搭建树木

搭建树木有几个原因。这项活动可以让大家看清树木的不同组成部分和功能，同时也展现出树木迷人的生命结构。这是一项大型的技术挑战。实际上，除了用塑料制成的圣诞树外，没有其他树木是被搭建起来的，也没有现成的有关如何搭建树木的答案。

在这里，我们使用较大的木棒作为主干，用较小的木棒作为枝干。有些孩子用绳子将枝干绑在主干上，还有些孩子则用小钻头在主干上钻了一些孔，并削尖了小木棒，让它们能插到孔里。

材料：木棒、布料和绳子。

工具：剪刀、小钻头、小刀或土豆削皮刀。

注意事项

确保每个孩子都坐着，周围有足够的空间。孩子们应该张开双腿坐着，将割伤大腿的风险降到最低。教孩子们如何向远离身体的方向削皮。另外，还请务必指出切勿用手拿刀。不使用小刀时，要将刀放进刀套里。使用带护手挡的小刀，防止手指滑落到刀片上。在某些情况下，最好磨碎或折断刀片的尖端，以免有孩子被刺伤。

土豆削皮刀是替换小刀的一个选项。削皮刀适用于简单的活动项目，例如，烧烤棒。年龄最小的小朋友甚至也能使用削皮刀而没有大的风险。

我们一开始是为小精灵搭建树木，但很快孩子们就觉得玛卡和米拉是需要休息的，因此就决定再给她们做个吊床

对于最年幼的小朋友，可以用土豆削皮刀代替小刀

里欧坐着用小刀削木棒，他突然说："这是我第一次用小刀削木棒。"

"是吗？你之前从没这么做过么？"

"没有，我今年十二月才满五岁。"

拓展

凭着搭建小吊床的经验，可以挑战一下，搭建一个能让一个或多个孩子躺在里面的大吊床。

寻找一个有三到四棵且距离比较合适的树木的地方。首先，将绳索固定在篷布的角上，然后再固定到树上。

材料：篷布和绳子。

挑战 1

小精灵希望有更多的树，她们希望在炎热的日子里能免受阳光的照射。这可是件急事，可树木生长速度却很缓慢，她们想知道是否可以搭建一些树木。

挑战 2

玛卡和米拉很着急，她们想躺着休息，但地面很冷。帮她们收拾一下睡觉的地方，让她们不会感觉到地面的寒冷吧！

生物学知识——什么是树？

树是木本植物，有主干，在地表没有分支。树由树干、树根和树冠组成。树干起到树木的支撑作用，因此刮风时不会被吹倒。树干的最外面是树皮，它的作用是作为树木的皮肤，保护树木不受昆虫和真菌的侵害。

树皮里面是木头。在木头的最外层，树木的厚度会随着每年年轮的形成而增加。年轮由浅色环（夏木）和深色环（冬木）组成，人们可以通过数年轮数来查看树木的年龄。营养物质和水分也正是经由木头的最外层被上下运输。水和矿物质经过一些管道向上被运输到叶子那儿，糖分则经过另一些管道，从叶子中被输送到树木的不同部分，这些被运输的糖分是溶于水中的。

树根将树木固定在地里面，并为树木吸收水分、矿物质和营养。光合作用则发生在树叶中。

技术知识——无孔情况下的连接

　　如果篷布没有孔或是孔的位置不对，这是可以解决的。在需要打孔的篷布中"烘焙"一个球果或石头，这时它就像球形把手一样，可以将绳子绑在把手的四周。

用一个球果或石头可以做成一个球形把手，然后和树木绑在一起

四、植物的感官花园

大自然带给我们许多不同的体验，被我们的感官——味觉、嗅觉、触觉、视觉和听觉等记录了下来。为什么有这么多东西都在刺激我们的感官呢？大自然或我们会从中受益吗？植物以其气味、味道、颜色和结构吸引别人的注意力或保护自己。如果院子里种植了香草植被，就能很好地建立起一个能调动所有感官的感官花园了。

（一）味觉

我们可以尝到酸、咸、苦、甜和鲜等味道，通常我们也可以在自然界中找到这些味道。它们在自然界中主要有什么功效呢？

诸如树脂酸、大黄属以及未成熟的浆果和水果之类一般含有很高的酸性成分，即草酸。种子未成熟时，动物食用起来并无益处。只有当种子成熟时，浆果或水果才能被食用，这时酸量减少，水果变得甜美。

如果我们尝一下蒲公英的叶子，只需尝一点点就可以清晰感觉到苦味，而这苦味属于植物不想被吃掉的自我保护。

当我们在咸水中游泳或是在哭泣时，我们可以感受到咸味。

当我们吮吸短柄野芝麻时，它的味道很甜。因此，在瑞典某些地区，短柄野芝麻也被称为糖荨麻。手指上沾几滴桦树汁尝着也很甜。许多植物为了授粉，都会向昆虫提供花蜜。

在自然界中还有鲜味，比如，蘑菇。采摘蘑菇之后再用黄油煎着吃，这是体验鲜味的好方法。

苦苦的蒲公英叶子

鲜味的蘑菇

刺荨麻

在春季和初夏时节，可以品尝刺荨麻来增强自然感官体验。在野餐炉或柴火堆上烹饪即可。

用水将刺荨麻冲洗几次，将它们放在沸腾的盐水中煮大约5分钟，保留刺荨麻和一部分清汤，其余可以倒掉。用黄油来香煎切好的洋葱。将刺荨麻中的水分挤掉，然后与一些小麦粉拌在一起。往洋葱、刺荨麻和保留的清汤中加1升水，再加入蔬菜肉汤固体块，煮5分钟，再加入盐和胡椒粉进行调味。上菜享用吧！

刺荨麻

材料（4人份食谱）：2升稀释过的新鲜刺荨麻汁、1个黄洋葱、黄油、2勺小麦粉、1升水、2块蔬菜肉汤固体块[1]、盐和白胡椒。

生物学知识——鲜味

如今，鲜味已被视为五种基本口味之一。Umami来自日语，意思是"鲜味"。在鱼、肉、奶酪、蘑菇和一些蔬菜中都有这个味道。

化学知识——冰点、发酵、香水

冰点

细胞中的糖降低了冰点，使植物能够在冬季存活下来。这就是大黄在冬天比较甜的原因。

将汽车冷却液中的乙二醇和汽车清洗液的液体进行对比看看。

发酵

水果和浆果的发酵过程会将水果中的糖转化为酒精，让水果中的某些香味被释放出来。

香味散开后，动物们会被吸引过来，水果的种子就用这种方式来散播种子。

香水

香水中的气味来自精油和香料。精油一般从玫瑰、薰衣草和柠檬等中被提取出来，而天然香料则来自各类浆果和水果。

---

1. 译者注：这种在超市购买的蔬菜肉汤固体块一般溶于水之后被用作汤底。

（二）嗅觉

在自然界中，由于各种原因，有些物体闻起来很香，有些则闻起来很臭。植物的气味主要用于吸引动物来帮助它们进行授粉和传播种子。对我们来说很难闻的气味，对有些动物而言，可能就是香味，例如，白鬼笔，或过熟和发酵过的水果，都强烈吸引着某些果蝇。

气味软饮

向每个孩子分发一个马克杯或口萨杯[1]。让每个孩子从大自然的"气味储藏室"中挑选出自己喜欢的混合气味。最后，大家互相分享自己的气味。

材料：口萨杯、塑料马克杯或罐子。

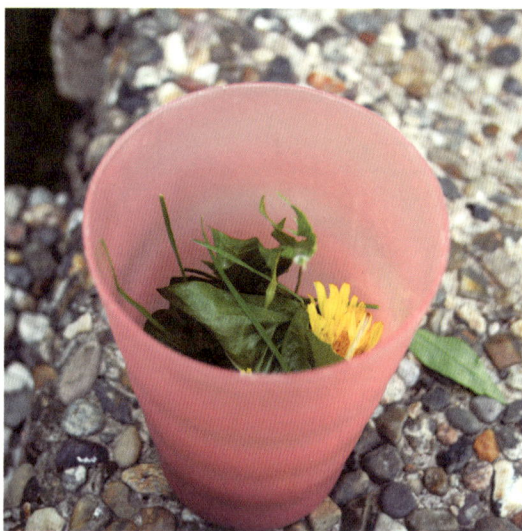

用自然物制作的气味软饮

技术知识——香气分子

释放到空气中的香气分子可以传播很长的距离，并可以以非常低的剂量让某些昆虫（例如，蝴蝶）感知到。人类利用这一知识来进行除虫，比如，制作信息素诱捕器。

---

1. 译者注：口萨杯是斯堪的纳维亚北部萨米人传统的一种浅口的小杯子。

白鬼笔闻起来是尸体的气味，吸引吃真菌黏液的苍蝇，黏液中带着的孢子随苍蝇传播出去

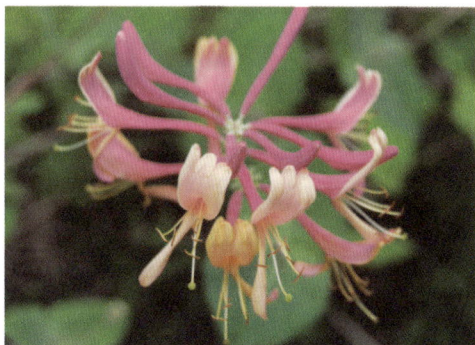

金银花在傍晚和夜间闻起来很香，吸引飞蛾来帮助它散布花粉

（三）触觉

让人刺痛并产生灼烧感是植物自我保护的有效方法。刺荨麻的螯毛被碰触时会被折断，并喷射出一些毒素。尽管如此，刺荨麻仍是一些动物赖以生存的食物，例如，荨麻蛱蝶的幼虫。带刺是自我保护的另一种方式，例如，蓟和山楂树就是这类自我防御的植物。甚至还有一些让人触感舒适的植物也以独特的结构自我保护着，例如，柳芽的软壳就可用于御寒。

将一个自然物放在一个袋子里，让孩子们在看不到物体的情况下去触摸物体。触摸完后，他们要去找一个有相同触感的物体，并返回来展示他们找到的物体，之后再与袋内的物体进行比较。

材料：袋子（最好是布袋）。

化学知识——刺荨麻

刺荨麻、蚂蚁或黄蜂中的毒素类似于甲酸，该毒素会引起过敏反应，使得皮肤瘙痒和出汗。

技术知识——刺荨麻

对于北欧国家的人来说，刺荨麻是重要的经济作物。它给我们带来两种分别用于纺织品和细绳的纤维，还被用于人类和动物的医药和食品中。

（四）视觉

在吸引动物进行授粉和种子传播时，诱人的颜色、形状和图案会非常有帮助。有时候令人惊恐的外表也很好，因为这样可以避免被吃掉。在许多种子和果实的成熟过程中，会发生化学反应，使得种子或果实的颜色发生变化。颜色的变化发出"水果已经成熟可以吃了"的信号，种子便随之被散播出去。

横带红长蝽的红色部分就是在警告外界它有毒。它是通过吃下一种名叫催吐白前的有毒植物而获得毒素的，而且毒素越多，它的身体就会变得越红

成熟的罂粟种子颜色发生变化

1. 金姆的游戏 [1]

这款游戏在学前儿童中众所周知。这里介绍游戏的另一种玩法，使它既可以作为图像记忆游戏，也可以作为动作游戏。

在白布上放一些东西，比如，一个石头、一根棍子、一个圆锥体和一片叶子。在用布覆盖所有物体之前，让孩子们先看一眼所有物体。当孩子们闭上眼睛时，将布下方的一个自然物体拿走，然后让孩子们看看哪样东西消失了。孩子们不只是要说哪个物体被拿走了，还要出去捡一个类似的自然物体。等他们回来之后，让他们展示一下自己找到的物品。所有的孩子找到的都是相同的东西吗？找到的是什么呢？在这里，你们可以根据自己选择的自然物体，让孩子们有机会能既学习物种知识，又扩展词汇量。

材料：一块白布和一块普通的布。

---

1. 译者注："金姆的游戏"培养的是孩子注意和记住细节的能力。游戏名字来自鲁德亚德·吉卜林（Rudyard Kipling）的小说《金姆》中，主角金姆（Kim）在童子军训练时玩的游戏，金姆的教练展示了一个盒子，里面装有宝石、戒指、小雕像等，并给了金姆一分钟的时间来深入研究所有物体。然后，金姆可以努力地描述他所看到的一切细节。

2. 砂纸画

不用蜡笔或刷子，直接在砂纸上绘画。这项活动是要让孩子们发现自然界中的色彩。不同的季节和不同的地点会有不同的调色板，因此这项活动可以多次进行。

首先，给每个孩子分发一小块砂纸，让他们试着在纸上摩擦或滑动树叶、浆果、石头、棍棒或是其他任何他们能找到的东西，让颜色留在砂纸上。过了一会儿，孩子们亲身试验并发现了哪些颜色比较容易获得，哪些颜色比较难得。现在就是时候分发一张比较大的砂纸，让孩子们作一幅画了。在普通白纸上画画也可以，但砂纸可以更好地吸收颜色，并且持续的时间更长。

再进一步与孩子们一起制作一个木棒框架，并将图纸固定到框架内。这将是多么棒的艺术展呀！

材料：浅棕色砂纸，可能还要绳子和剪刀。

挑战

玛卡和米拉需要一幅画，但她们没有颜料。帮助她们用自然界中的颜料画一幅画吧！

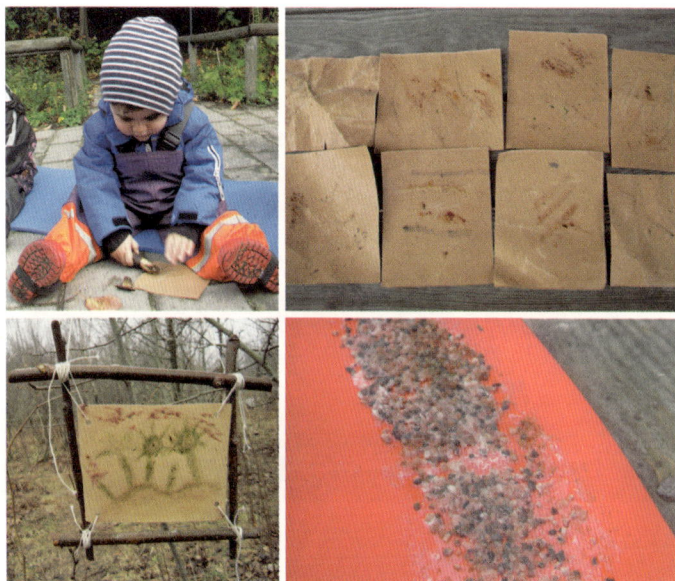

自制砂纸：将纸胶倒在硬纸上，撒上粗砂，并让它变干

> **物理学知识——摩擦**
>
> 试着把手放在砂纸背面，和把手放在正面进行比较，会发现砂纸正面的摩擦力要大得多。使颜色粘着在砂纸上的正是摩擦力。
>
> **技术知识——砂纸**
>
> 砂纸由粘在纸上的沙子（石英或燧石）所组成。

（五）听觉

我们知道植物不会通过发出声音来吸引或威慑动物，但是当大黄蜂和蜜蜂在植物之间飞来飞去授粉时，就会出现嗡嗡声。某些植物，例如，小鼻花和罂粟，摇动时会发出声音，就像小拨浪鼓一样。我们还可以在树林里分辨出白杨树的声音，白杨的叶子在微风中会"颤抖"，发出簌簌的声音。

（六）感官之路

沿着一条小路，用彩色纸条布置出一条能够满足所有感官体验的路径。关于触觉，可以用粗糙的树干；关于嗅觉，可以用芬芳的花朵；关于听觉，可以是嘎吱作响的叶子；关于味觉，可以用野生树莓；关于视觉，可以是一块石头。如果那里没有可食用的东西，就可以拿出一盒准备好的苹果小块之类的食物。可以在附近放一个放大镜，以便孩子们研究小细节。

材料：嘴、眼、耳、手、鼻的塑封图片，纸条，可能还要一个放大镜。

常见的黄花：疗伤绒毛花（左图），委陵菜（中间）和山萝花过路黄（右图）

第三章

动物

一、住所与房客

通常大部分的外出活动都被优先安排在了春天。崭新的一切，歌唱的鸟儿，我们感受着万物复苏的过程。追踪大自然中的一切新鲜的事物是很令人兴奋的。当春天的阳光温暖着我们时，或许期待的心情高涨起来的主要是我们大人。而孩子们则有所不同，如果能在周围的环境开展创造性活动的话，他们一年四季都适应得很好。

九月份，瑞典南部和中部通常夜晚还没有开始霜冻。浆果、蘑菇和发黄的叶子漫山遍野。与春天相比，现在更容易发现小昆虫，坐在地上也更温暖一些，在户外的时间可以变得漫长而刺激。这个儿童小组已经习惯于完成小任务了，所以他们想知道今天又会有什么小任务呢？

"是的，今天我们要寻找住所！"

空气安静了片刻。

"你指的是什么？"

"什么是住所？"

"就是人类和动物居住或藏身的地方。"

我们坐了一会儿，很快孩子们就发现了鸟舍、灌木丛和树上的鸟巢、鼹鼠洞和田鼠洞。

"那么蠕虫有巢吗？"

片刻过后，我们就有了许多的巢穴要去寻找——那些孩子们可以识别并容易找到的巢穴。我们选择了一片混交林区域，以便能够尽可能多地找到不同类型的巢穴。一些小朋友尝试把手臂放进兔子窝中，看看可以伸到多深的位置。其中有个小朋友几乎肯定他摸到了某种柔软的东西，它可能正在往更深的地方钻呢。大家听了之后都要试一试，但是这只软软的东西可能已经钻到很深的地方去了。在记录并拍摄了几个不同的巢穴之后，就是时候展现那些通常需要找更久才能找到的神秘的巢穴了。

孩子们在这创建了一个"昆虫旅馆"。注意看，地面上已经铺好了红地毯

（一）瘿

这个地区有一棵非常有教育意义的橡树，孩子们伸手就能够到树枝和树叶，于是很容易去研究和探索它。橡树通常有各种不同的瘿，因此很适合用它来激发孩子们的好奇心。我们看到的瘿是由不同的膜翅目引起的，而我们最先发现的，也最明显的瘿则是美丽的大栎瘿，有些几乎和弹珠一样大。我们打开一个栎瘿，发现一只幼虫住在栎瘿里。我们可以事先问一下是否要在儿童小组里打开栎瘿，但和让孩子第一次亲身经历栎瘿里确实有动物居住在里面相比，我们永远无法通过用说故事的方式给孩子们带去相同的"哇哦"式的惊喜体验。我们打开一个栎瘿就足够了，必须要保持栎瘿们安静不受干扰，新的昆虫才能在里面孕育生长起来。我们继续寻找着，发现在一些叶子的背面几乎长满了小"纽扣"。它们被称为纽扣瘿，每个"纽扣"中都有一个幼虫。整个冬天，幼虫都住在里面，只有到明年春天才会孵化出新的瘿蜂。在其他叶子上还有其他的"纽扣"，但它们更扁平一些。人们如果用放大镜来看，会发现它们看起来是毛茸茸的；它们被称为菩提瘿。孩子们说它们住的是联排别墅。当我们说只有雌性幼虫才能住在那儿时，讨论的气氛变得更加热烈了。

条纹状的栎瘿是橡树上由瘿蜂（*Cynips longiventris*）引起的叶瘿

通过向孩子们零星展示了少量瘿之后，他们自己在不同的植物上发现了许多不同种类的瘿。我们对所发现的事物了解得越多，与孩子们一起谈论和想象时就越轻松，也越好玩儿。尽管我们不需要什么都知道，但是我们所讲的东西应该都得是正确的。对于瑞典北部的居民来说，那儿没有橡树，因此黄花柳便是寻找瘿的好去处。

橡树上的纽扣瘿

云杉上的大菠萝瘿，由较大的云杉蚜虫引起的虫瘿形成

橡树上由瘿蜂引起的叶瘿

菩提尖，一种由菩提树螨引起的长在菩提树叶上面的瘿

小贴士

《瘿》

卡尔·塞德里克·库利亚诺斯（Carl-Cedric Coulianos）和英格玛·霍尔姆森（Ingmar Holmsen）合著的《瘿》是一本可以激发灵感并从中检索知识点的好书。

生物学知识——瘿

瘿是植物的异常生长变化，是植物本身形成了瘿，但它是由另一种生物引起的，例如，螨虫、昆虫、真菌或细菌等。

（二）玫瑰瘿

夏末，你能在一些蔷薇果灌木丛里看到美丽的红色"毛簇"。它是玫瑰瘿，是由瘿黄蜂引起的一种瘿。春天时，瘿黄蜂将卵产在一个芽中，于是芽无法正常发育。植物的反应则是将卵封闭起来，并形成了玫瑰瘿。瘿内部有许多小小的木质房间。每个幼虫都有自己的房间，它们以木头为食，房间也随之逐渐扩大。

如果你想给孩子们一个完整的体验，可以用小刀割下一个玫瑰瘿，并将它打开。这真的是一间儿童房，孩子们可以看到房间里小小的白色幼虫们。

如果你已打开了一个，就不需要再打开更多的了。我们还是应该为它们着想的，但为了探索大自然的神奇，有时我们不得不将它们打开进行研究。

在古老的民间传说中，人们认为将玫瑰瘿放在枕头下，可以获得良好的睡眠。人们指的可能是睡得很好的幼虫们吧。

玫瑰瘿

十一月底的玫瑰瘿。如果从中间切开，你会看到其中的小房间和里面住着的幼虫

生物学知识——玫瑰瘿

研究人员还未完全搞清楚瘿黄蜂是如何操纵玫瑰形成瘿的。一种理论认为，瘿黄蜂通过其毒液中的分泌物，将一种或多种病毒样颗粒传播到玫瑰上，但目前尚无人证实这一理论。

化学知识——丛枝病

大多数人都在树上看到过树枝制成的鸟窝状堆积物，尤其是桦树上。这种现象是由一种叫作外囊菌属（Taphrina）的真菌引起的，该真菌会产出影响树木生长的化学物质。树芽开始异常生长，结果许多小树枝就长成一团了。真菌可能是想要分享树木通过光合作用在绿叶中形成的糖。

丛枝病

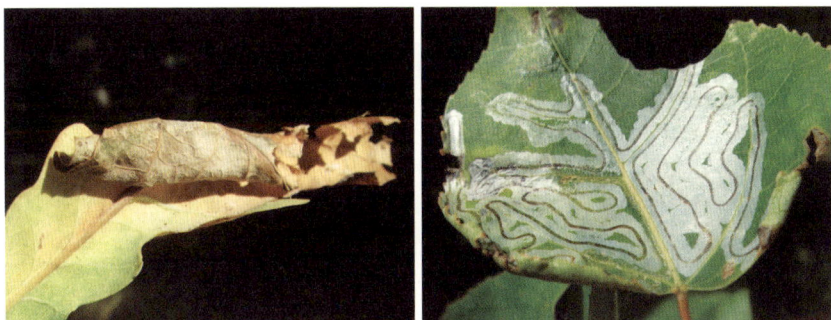

在树叶上还可以找到其他非瘿类的住所。比如，卷起的橡树叶子可能是卷叶象鼻虫（Attelabidae）的家，而这种虫子是甲虫的一种。当各种昆虫的虫卵被孵化出来之后，幼虫在叶子上爬行、进食和便便，会使叶子上出现条条道道的痕迹

榛子和橡果里可能都会长有坚果象甲的幼虫，它们是一种属于象鼻虫的甲虫

（三）长满幼虫的榛子和橡果

我们早在三月中旬就开始关注榛树（*Corylus avellana*）漂亮的花蕾了，那是榛树的雌花盛开、雄花序释放花粉的时节。为了能准确找回花蕾所在的地方，我们用一条蓝色纱带在树枝上做下了标记，并每周给它拍一次照。五月十五日，我们发现一只小甲虫正待在现如今已经枯萎了的花蕾上。

图片中可以看到雌蕊的干燥痕迹向前伸出。芽已经开始生长，它是受过精的。甲虫在五月的那一天做了什么呢？我们猜，到了九月底，当在地面上找到那根树枝时，我们将能得到答案。我们的花蕾变成了三个大榛子，但其中一个有一个洞。有什么东西之前从坚果中钻出来了？

我们决定要研究更多的榛子和橡果。我们找到的许多榛子和橡果都有孔，里面只剩下了幼虫的粪便。有些果子中之前住着的幼虫，还没有把内容物全部吃完就爬出去了。

经过查阅书本和互联网，我们进一步研究得出的结论是，这是一种象鼻虫，而这种象鼻虫会在榛子中产卵。但是我们拍下来的那只象鼻虫并不是产卵的那只。在榛子中产卵的象鼻虫有长长的鼻子，而我们拍到的象鼻虫只有很短的鼻子。虫卵变成幼虫，吃掉了富含能量的榛子。秋天，它从榛子中钻出，并钻到榛树灌木丛中的地下去了，以便冬天时能化蛹冬眠。春天来临时，成年的象鼻虫会从蛹中钻出来，并开始寻觅花蜜和花粉这类食物。然后就该配对了，一切又重新开始。

象鼻虫在橡子中产卵的过程

挑战

玛卡和米拉想知道是谁把榛子和橡果吃得只剩下果皮的。帮她们找到这位贪吃又神秘的坚果吃货吧！

> **生物学知识——榛子**
>
> 榛子含有 62% 的脂肪，因此能量非常丰富。甲虫、松鼠和其他动物都习惯于依赖这些能量丰富的坚果生存。

（四）神秘之门

想象一下在院子里有一个地方展示的是另一个世界，一个只有小心打开门才能看到的地方。

将绳子及旋钮或手柄连接到木板的一边，以便能将其轻松提起。木板应足够轻，以便孩子们能抬得动它。将木板放在院子里的某个地方，可以是在沙道上，在灌木丛的阴影中，又或是在阳光照耀的草地上。选择的地点会决定孩子们抬起木板时所看到的内容。

当木板放在那儿几天过后，就是时候查看木板下的东西了。小心提起手柄向里面看。要想研究某种动物，便将它们小心地拾起，并放在昆虫观察盒中，之后再将动物放回到木板下方。

可以让木板在那儿放久一些，孩子们可以根据自己的意愿轻轻走过去抬起它。一定要告诉孩子们木板下面的动物是住在那儿的，要注意不要打扰或伤害那些动物。

如果有多块木板被放在外面，孩子们还可以将它们进行对比，发掘不同地方之间的差别。这些地方可能在光线、湿度、温度和植被方面的条件有所不同。甚至在院子外边也可以放一块木板，让它在那儿放置更长的时间。

材料：约 40 厘米 × 60 厘米的木板（胶合板或类似材料）、细绳、旋钮或手柄、螺钉、昆虫观察盒或放大镜。

工具：螺丝刀和钻头。

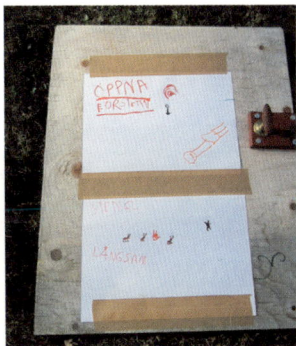

神秘之门

挑战

玛卡和米拉对地下生活的动物非常好奇。帮她们做一扇门，让她们也能开门看看谁住在那儿吧！

物理学知识——湿度

当我们将木板放在地面上时，木板下方的地面湿度会增加。本来会被风带走，或在阳光照耀下蒸发掉的水分被留在了原地，也可能凝结在木板下面。忍受不了干燥和紫外线照射的动物会在这里适应得很好，例如，鼠妇、蠕虫等。

（五）冬天的动物们

十月底可能就会降下第一场雪。天气变得很冷，风儿吹掉了树上最后的几片叶子，感觉冬天快到了。

冬天，动物们都去哪儿了？对动物们而言，冬天是一个困难时期。从最小的爬行动物到最大的哺乳动物，对所有动物而言都是如此。动物们用不同的方式熬过冬天，有的睡觉，有的迁徙到温暖的地方，有的则留下来与严寒抗争。

1. 睡觉

动物可以以不同的方式睡觉。冬眠的动物有刺猬和蝙蝠[1]等。熊会进入冬休[2]。青蛙、蛇和昆虫则会陷入僵冷状态的休眠[3]。

睡觉听起来很容易，但拿獾举例，能安稳睡觉的重要前提是要在冬天之前吃饱，并在地洞中准备好冬眠的床；而对于蝙蝠来说，重要的是要找到一个不会结霜的好地方；蜗牛、蛇和两栖动物还必须在寒冷到来之前找到一个好的冬眠地点，因为天气变冷了之后它们将会无法移动。

2. 迁徙

迁徙也是有风险的，许多鸟儿迁徙的距离很远，并且在迁徙的过程中可能会遇到恶劣的天气，迫使它们在一个地方必须休息很长时间，这会消耗它们为了迁徙而存储起来的一部分能量。

---

1. 译者注：这类动物可将自己体温下降到接近环境周围的温度，但为了避免体液在 0℃ 以下结冻，会将其体温维持在 5℃ 上。
2. 译者注：熊的体温只下降几摄氏度，但能长时间不进食而呈睡眠状态，近于睡眠和冬眠之间。
3. 译者注：它们的体温与周围环境相一致。

有些鸟儿只飞到它们所需的足够暖的地方就不再南下了，在冬天光临斯科讷地区的苍头燕雀就是一个例子，它可能是在韦姆兰[1]度过了夏天。迁徙的动物主要是鸟类和某些蝴蝶。

冰雪消融之后，沟渠和斜坡中暴露出田鼠的活动通道。它们整个冬天都很活跃呢

大西洋赤蛱蝶（*Vanessa atalanta*），一种冬天会迁徙的物种

3. 留下

较大的哺乳动物和大量的鸟类都会留下和冬天的严寒相抗争。厚一些且更松软的皮毛，或较稠密的羽毛，都有助于保暖。这些留下来的动物们会调整自己，以自己适应的方式熬过冬季，但无论选择哪种方式，危险都潜伏在那儿。

与炎热的季节相比，这些留下来的动物在冬天的生存条件天差地别。冬天里，它们要节约能量并尽可能多地吃东西，同时还要尽可能少地移动身体。

决定生存条件极限的不是严寒的气温，而是食物供应。白昼变短，这意味着动物觅食的时间也变短了。大多数动物，包括鸟类和哺乳动物，在冬天都会改变饮食。夏天大部分时间里吃草的动物，在冬天可能就会以针叶树的树芽和落叶树的树皮为食。松鼠可能是幸运的，因为它能将蘑菇和坚果储存起来以备冬天食用。许多鸟类也囤积了种子和昆虫。不同种类的山雀会将种子藏在同一棵树中，但是在树的不同部位，通常同种的山雀就在同一个部位觅食。这样即使某只山雀没有找到自己藏起来的种子，也会被同一种类的其

---

1. 译者注：韦姆兰是瑞典西部省份，与挪威毗邻。

他山雀找到，这对该种山雀的整体物种而言是有益的。

如果草原上有积雪，这对小啮齿动物来说是最好的。这样，它们既能免受捕食者和严寒的侵害，又可以在雪和地面之间的空间中平静地寻找着食物。

（六）冬日之家

在这里我们要激发孩子们的想象力和创造力，引发孩子们的好奇心，让他们去探索一下在冬天看不到的动物们到底在哪儿。一开始看到的"真实的"动物巢穴可能会启发孩子们继续开展游戏，这时动物的巢穴在孩子们的想象里很容易就变成了带厨房和电视的两室户了。

让孩子们以小组的形式一起合作。每个小组有自己要研究的动物。选择在孩子们附近出现的动物，然后开始思考，这些动物冬天住在哪里呢？让孩子们在一个他们觉得他们研究的动物会很喜欢的地方给动物筑巢。例如，孩子们可以收集一个树叶堆，让刺猬可以生活在里面，或寻找一些苔藓，让瓢虫能待在底下睡觉。之后，让每个小组描述并展示他们所制作的巢穴。

材料：最好是塑料制成的动物玩具。

挑战

小精灵想要帮助她们的动物邻居。帮小精灵给动物邻居搭建巢穴吧！

野兔（左上、左下）、刺猬（右上）和瓢虫（右下）的窝

1. 刺猬的冬眠地

在幼儿园内或附近有刺猬（*Erinaceus europaeus*）的你们是很幸运的。通常幼儿园的环境都比较嘈杂，没有足够的空间给刺猬活动。如果你们有幸附近有这种温和可爱的动物，可以在秋天时帮助它们搭建一个温暖的窝让它们过冬。

首先，堆出一个很大的树叶堆，并和孩子们讨论一下怎么样才能让刺猬在冬天不会被冻死。在夏天和秋天，刺猬会把自己吃得很胖，到了十月的某个时候，它就会开始寻找一个温暖的地方。刺猬会在那儿进入冬眠状态，直到春天才会出来。刺猬很乐意在房屋或阳台下寻找一个空间——它需要的是一个不会结霜且干燥的地方。如果院子里没有这样的地方，我们可以帮助刺猬做一个窝。通常不需要为了搭建窝巢而购买新的材料，大家可以利用已有的一些东西。

材料：一个木头盒或泡沫塑料盒、一些细木板、某种管道、用来覆盖盒子的塑料、制作工具和钉子，等等。

2. 我们的制作方法

我们将一个开口朝下的盒子放在地面上，在盒子的顶部放一层塑料，以免雨水和融化的冰水流进去。然后，我们将泡沫塑料板放在地面上，并在上面放一些干树叶。接着用三块细木板制作了一个长约 40 厘米，宽约 10 厘米，高约 10 厘米的小通道。

我们在盒子上锯出一个可以将小通道插进去的孔。

在盒子的侧面，我们也钻了一个孔，可以放进一根排水管用作通风管，排水管的两端口装上细网。这样，刺猬就不会不小心用草和树叶堵住排水管，使得巢穴内无法通风了。

最后，我们用树叶将整个巢穴覆盖起来，这样就只能看到小通道和通风管了。

现在我们只希望刺猬能找到我们做的这个巢穴。

天气开始变冷时，我们可以习惯性地在开口处放一些食物，将刺猬吸引到这个地方。

为刺猬搭建的窝

技术知识——通风

上图所示的冬天刺猬的巢穴是按照与自然通风的别墅相同的原理建造的。空气通过别墅入口进入，并通过屋顶上的管道排出，动力来自别墅内部和外部之间的温差。暖空气的密度比冷空气的密度低，因此会上升并形成一股吸力，这时较冷的空气从外面被吸进来，并逐渐被加热从而使巢穴升温。

小贴士

关于动物巢穴的书目

如果大家想要开展更多的活动（比如说，在家长日这一天要开展一些活动），那我们推荐大家读一读瑞典自然保护协会出版的书：自然友好环境指南书《野生的邻居》、野生动物建筑巢穴的指南书《搭房子》。这两本书里就有刺猬和其他动物巢穴的详细说明。

（七）遮风挡雨

不是只有动物才需要防雨、防风和御寒。谈谈我们人类是如何保护自己，并尝试建造各种小木屋和简易房的吧。

最简单的防风建筑可以通过在两棵树或柱子之间固定一块油布而建成。首先，将绳索绑在油布的两个角上，然后在适当的高度将它们绑在树上。扯住油布，使用木棍或石头将其固定在地面上。将油布拉扯开来，让每个人都能坐在油布下面。

材料：油布和绳子。

1. 油布屋

在两棵树或柱子之间固定一根圆柱木头。如果在合适的距离内有两棵树，并且树木从地面能够到的高度长有树杈，那就最简单不过了。这时把圆柱木头放上去即可。否则，需要使用绳索将其绑定到树干上。在圆柱木头上放上油布，使它在两侧垂下的长度均等。拉住油布的两侧，并用木棍、绳索或石头固定住。进去放松一下吧！

材料：油布和绳索。

在一个种植区，我们找到了一个模范建筑

技术知识——防护

面对风雨的防护措施通常被称为户外技术，但从人类的角度来看，这也与生存技术有关。为了生存，通过隔离风雨来保持住体温一直都是至关重要的，特别是在高纬度地区。例如，夹克有一外层，人的身体会加热毛衣或内衬里的空气，而夹克外层可防止风把温暖的空气吹走。

挑战

玛卡和米拉想要和大家一起待在森林里面。为了能容下所有人，请搭建一个能遮风挡雨，且不受寒冷地面影响的庇护所吧！

2. 圆顶小屋

为了建造大而稳的建筑，可采用桁架结构。圆顶小屋可以按如下方式建成。

收集一些木棍并切割成相同的长度，使用绳索、钢丝或喷胶枪将木棍组装成三角形。木棍的长度和三角形的数量决定了小屋的大小。之后将三角形放置在地面上，并将其组装成圆顶形状，再进一步建成理想的大小。最后，将布或半透明塑料铺在支架上。圆顶小屋可用作小木屋或温室。

该支架的尺寸和使用区域都是可调整的。可以从三个三角形开始，看看结果如何。如果用布或塑料覆盖住，那它很适合用作毛绒玩具的帐篷或是小型的温室。

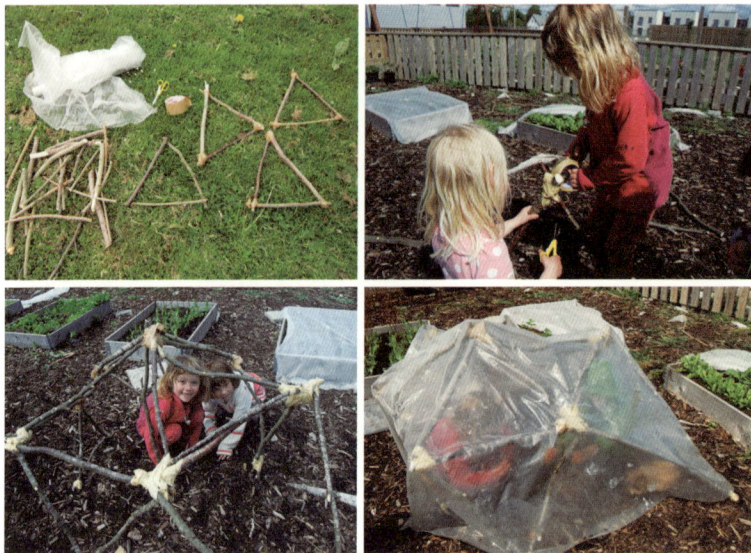

搭建圆顶小屋

技术知识——桁架

用钢筋或木板组合成一个结构，从而组成许多三角形，被称为桁架。三角形具有稳定性，因此该结构可以变得非常牢固而又不会太重。关于桁架，世界上最著名的建筑可能就是埃菲尔铁塔了。而在瑞典，例如，艾尔夫斯堡大桥和爱立信球形体育馆的屋顶也都是用的桁架搭建而成的。要找到桁架的例子，通常找到一些很高的电线杆或大型建筑物就可以了。

（八）研究鼠妇

潮虫亚目（Oniscidea）在很多地方都可以找到，即使是最小的孩子也很容易能找到它们，因此是一种很好研究的动物，便于教育者抓住机会提出一些能激发孩子能动性的问题，让孩子们能够测量、计算和研究鼠妇在不同情况下的行为（请在第 11 页"有成效的问题"部分阅读更多的内容）。

当我们开始想做一项关于鼠妇的研究时，可以通过提出一些好的问题，比如，"叶子掉落下来后会去哪里？树木的残骸怎么会消失不见呢？"等，将鼠妇的话题引出来。

孩子们常常清楚地知道蚯蚓吃树叶并能翻松土壤，但是他们不知道鼠妇也属于降解者。

外出寻找鼠妇，看看它们住的地方，这时孩子们就会了解鼠妇理想的繁衍生息环境是什么样的，例如，鼠妇喜爱黑暗和潮湿。

为了让大家能够更近距离研究它们，每个孩子都会有一个放有一只鼠妇的培养皿以及一个放大镜。大家都必须要小心一点，以防伤害到鼠妇。仔细研究一下，交流并提出问题。通常，你们在户外时肯定就能一同找出一部分问题的答案了，而其他问题则需要更长时间的研究。

以下是一些可以跟孩子们一起研究的趣味性问题（有成效的问题）的示例。

——你能看到鼠妇的正面和背面吗？

——如果你让鼠妇爬到你的手上，你会感觉如何？

——鼠妇的肚子看起来是什么样的？

——鼠妇的背部看起来是什么样的？

——有人能数一下它的腿的数量吗？

——你的鼠妇看起来和你小伙伴的鼠妇看起来一样吗？如果不一样，那是哪里不同呢？

——你能找到鼠妇的眼睛和嘴巴吗？

——如果鼠妇仰天倒在地上了，它会怎么做？

——如果鼠妇碰到一个障碍物，会发生什么？

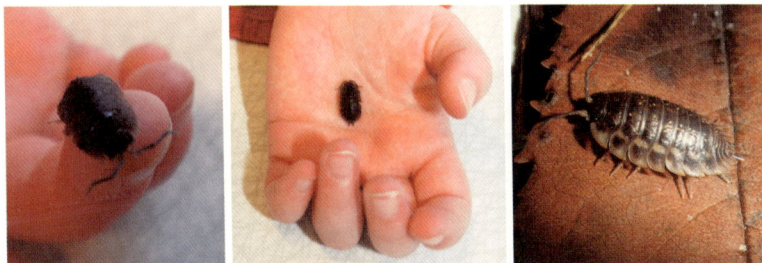

鼠妇

1. 鼠妇会游泳吗

鼠妇常常生活在潮湿的环境中，因此它们应该是喜欢水的。但确实是这样吗？它们会游泳吗？怎么做才能找到这些问题的答案呢？和孩子们一起思考这些问题，看看孩子们是否会找到研究这些问题的办法。有些人可能会认为鼠妇稍微会一点游泳。为了测试这一点，需要一只或两三只完全长大了的鼠妇，一个装有少量水的碗和纸巾。有时候孩子们还会觉得需要有一个鼠妇救生员，随时准备好在鼠妇看起来快要溺水时将其救起。这时，完全可以指定某个或某些小朋友作为救生员。让孩子们预测一下他们觉得会发生什么，当所有人都提出自己的假设之后，就可以进行实验了。

将鼠妇放入碗中，并要求孩子们仔细观察。

——鼠妇的行为如何？

——鼠妇看起来适应吗？

——鼠妇尝试从水里爬出来过吗？

孩子们可能会发现鼠妇并不是水生动物，这时就可以将它们从水里拿起放在纸巾上了。让孩子们观察鼠妇，并描述一下他们所看到的。鼠妇在纸上四处爬行，并在相同的距离处将臀部按在纸上，形成一个点状图案。

从水中捞出的鼠妇在纸巾上爬行

"看，它们将屁股向下压在纸上，变成了一个个水坑。"

"有一只鼠妇的屁股在上下摇摆，它为什么这样做呢？"

孩子们注意到原来鼠妇在把自己擦干，它们不喜欢自己湿湿的。

"奇怪，你们通常在洗完澡后最先擦干的是屁股吗？"

孩子们表示否定，说他们总是先擦脸的。

"但是，为什么鼠妇先擦干屁股呢？"

"你们还记得我们用放大镜观察到的鼠妇背面的小白点全部都在尾巴上吗？那些白点其实是鼠妇用于呼吸的鳃，它们不能长时间让尾巴处于水中。"

当我们发现这是一种用屁股来呼吸的动物时，小朋友们都乐翻了！

材料：培养皿或类似物，放大镜、水、纸巾和若干只鼠妇。

背面底部能看到的白点就是鼠
妇的鳃

2. 亮还是暗

为了知道鼠妇更加适应亮一些还是暗一些的环境，这里我们提供了一个
简单的实验技巧。取一个大一点的火柴盒，并清空里面的火柴。将盒子的侧
边和盖子连接处切开，滑动火柴盒的盖子，使其覆盖住盒子的一半，而另一
半没有被覆盖。在盒子光亮的部分放两三只鼠妇，看看会发生什么。让孩子
们在实验开始之前提出他们的假设，实验之后再讨论结果。也许会出现新的
问题，需要用其他方式进行研究。

材料：大火柴盒和两三只鼠妇。

3. 干还是湿

使用与上述相同的火柴盒。在盒子内的一边放置一块潮湿而没有完全湿
透的纸巾，另一边保持干燥。放入两三只鼠妇，将盖子盖在整个盒子上。稍
等片刻，然后取下盖子。鼠妇会待在哪一边呢？

材料：大火柴盒、湿纸巾和鼠妇。

4. 树叶还是洋葱

这次将两种不同类型的食物放入火柴盒的两个隔间中，隔间里放哪些食
物取决于孩子们的想法和愿望，例如，可以放两种不同类型的叶子，土豆和
叶子，或洋葱和胡萝卜。放入几只鼠妇，将盖子盖在整个火柴盒上。从早上
一直等到下午晚些时候，最好还过个夜。然后，激动人心的时刻到了！移走
盖子，看看鼠妇偏爱两种食物中的哪一种吧。

材料：大火柴盒、食物（如树叶、土豆或胡萝卜）、鼠妇。

5. 带有通道的房子

在两个盒子的一侧分别打孔，并使孔尽可能靠近底部。打出来的孔应适
合软管的尺寸，便于将软管推入孔中，这里可以使用胶带。在两个盒子内放
入不同的东西，创造出两个不同的环境，再放入几只鼠妇。鼠妇要住在哪里？

它们会在两个盒子之间移动吗？

材料：两个带盖子的不透明塑料盒，5～15厘米长的软管，小刀或剪刀，可能还需要有牢固的胶带和内部装饰的材料。

鼠妇带有通道的房子

6. 鼠妇的房子

如果孩子们很好奇，想更多地了解鼠妇的生活，那就可以给鼠妇搭建一个房子。房子将为更多的研究创造良好的可能性。

与孩子们一起讨论鼠妇适应环境的必需条件。它们需要的是水分、黑暗、可以躲在下面休息的遮挡物、食物以及伙伴。

然后让孩子们做一个鼠妇的房子。

使用塑料盒，例如，冰淇淋盒。底部放两层稍微浸湿的纸巾，纸巾只用喷雾器喷两三下即可。然后用一些树皮和食物装饰房子。最后，可以让十只左右的鼠妇搬进房子里。房子内要保持阴暗凉爽。

给鼠妇做的房子

我们通常会在秋天进行分解者的研究，所以要注意在土壤冻结之前将鼠妇放回到户外。

以下是孩子们通常会冒出的一些想法。当你们进行进一步的研究时，应从孩子们的问题出发。

——它们最喜欢哪种食物呢？

试试苹果皮、不同种类的叶子或块根类蔬菜吧。

提一个小建议，可以剪下不同种类的树叶来做实验，这样更容易看出鼠妇吃不吃叶子。

——鼠妇会生孩子吗？

——鼠妇会生产土壤吗？

仔细观察房屋底部的纸巾上出现的黑色小点，那其实是它的粪便。

材料：带盖子的塑料盒（不透明）、少量纸巾和若干只鼠妇。

叶子上的黑点是槭斑痣盘菌，是鼠妇最喜爱
的食物之一，甚至西班牙的森林蛞蝓似乎也
喜欢它

在看到槭斑痣盘菌一个星期之后，我们经过了同一棵枫树。孩子们立即在地面上找到了带斑点的叶子。一个小女孩高兴地大喊："我知道它叫什么。"

"你记得哦？"

"嗯，它叫爱之圆点。"

生物学知识——潮虫亚目

鼠妇是一种有十四条腿的甲壳类动物。因为它的鳃必须时时保持湿润状态，所以为了防止脱水，它选择居住在潮湿的环境中。鼠妇是夜行动物，用眼睛分辨光明与黑暗。它之所以选择黑暗的环境，是因为黑暗处更潮湿，而且在诸如树皮或花盆底下等地方，它能够得到更多的保护。鼠妇有两对触角，其中一对用于味觉和嗅觉，另一对则更长且有关节，是用来向前探路的。呼吸系统在身体背面后方，它们看起来像白点一样。当雌性鼠妇要生宝宝时，肚子里会长出一个卵兜，卵在里面处于潮湿的环境中。当卵孵化出来之后，囊袋会变干燥，浅色的鼠妇宝宝们便从中爬出。随着它们的成长，它们的皮肤也在变化。鼠妇以一些植物和树木残骸为生，是我们最重要的分解者之一。它们的排泄物则是干净的"土壤"，将重新返回到地面上。鼠妇遍布世界各地，在瑞典大约有三十种不同的种类。

资料来源：《儿童发现大自然》，维达·哈尔沃森和莫格斯塔德·特威特合著，自然文化教材出版社出版；《森林里的小动物》，拉十·亨利克·奥勒森（丹麦）著作，乌拉夫·斯韦德博格翻译，普利斯马出版社出版。

（九）蜗牛和蛞蝓

蜗牛和蛞蝓都属于软体动物（Mollusca），甚至蛤蜊和鱿鱼也被包含在这个动物类别里。它们移动非常缓慢，因此适合与孩子们一起研究。在儿童书籍和歌谣中，关于什么是蜗牛和什么蛞蝓有很多混淆。蜗牛一直带着壳，它们可以藏在里面。而蛞蝓没有壳，它们有的是一层外套膜。蜗牛更易于研究，因为大家可以拿住它的外壳，而且外壳坚硬不易破。如果要给一只蜗牛做标记，可以在蜗牛壳上画一个点而不会伤害到它。

而现在常见的西班牙森林蛞蝓握起来并不太舒服，因为它很黏手，而且黏液很难从手上去除掉。黏液可能是蛞蝓为了适应西班牙的气候条件才分泌出来的，毕竟在非常干燥的环境中，黏液可以防止蛞蝓完全脱水。瑞典蛞蝓也有黏液，但它更容易被洗掉。

蜗牛

1. 蜗牛赛跑

和蜗牛赛跑是个很有趣的活动，但是比赛的主要目的在于引出新的问题和进行研究调查。准备一块白色的桌布或一个白色水盆，用防水的记号笔在上面画出目标区域，这样孩子们就可以让自己的蜗牛参加比赛了。孩子们将蜗牛放在中间位置，首先撞到最外一圈（即终点线）的蜗牛就赢了。

材料：水盆或白布以及防水的记号笔。

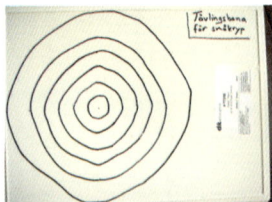

在白布上画圆形赛道　　　　　　将蜗牛放在中间位置

蜗牛赛跑中，设置障碍物

　　我们也可以直接在地面上布置出一处有障碍物的比赛场地。比赛过程中，更多的问题被提了出来，比如，它们为什么都向右爬？和太阳有关吗？为什么那一只蜗牛在快要爬过树枝穿过终点线的时候，猛然转过身往回爬呢？

物理学知识——黏液

　　蜗牛和蛞蝓的黏液能减小它们向前爬行时与地面之间产生的摩擦力，黏液还可以防止它们脱水。

2. 蜗牛和蛞蝓的食物

　　让孩子们思考他们觉得蜗牛和蛞蝓以什么为食。它们吃黄瓜、胡萝卜、面包、土壤、树叶、草、石头或奶酪吗？将四种不同类型的食物放在一块白布上，让每个孩子都猜一猜它们会选择哪种食物，然后将蜗牛和蛞蝓放在白布中间，用纸板箱盖好，以免它们偷偷溜走、被太阳晒伤或晒干。大约半小时过后将盒子掀起，然后让孩子们一起思考所看到的结果。

　　材料：白布和纸板箱。

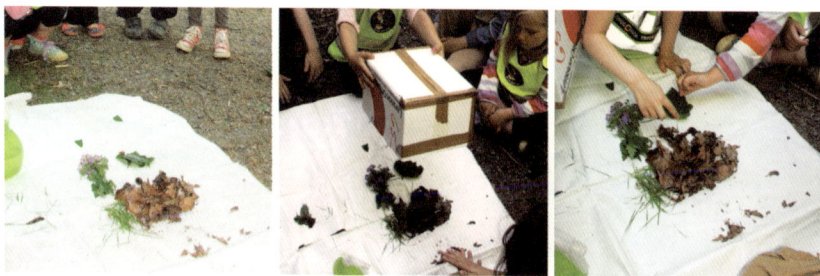

　　首先，我们思考了要给这五只蜗牛和两只蛞蝓准备什么样的食物。然后，在摆出四种不同类型的食物后，每个孩子都必须猜一猜它们会选什么吃。半个小时后，我们得到了答案

3. 喂养勃艮第蜗牛

饲养容器和内部装饰：人们可以使用宠物盒或水箱作为勃艮第蜗牛的家。重要的是，我们可以了解蜗牛吃什么，并跟踪它们的发育。

在饲养容器的一侧放一个装有水和若干石头的玻璃罐，这样如果你连续几天没有给它喷水，饲养容器内总还有点水。在饲养容器的其余部分铺满微湿的土壤，一直铺到玻璃罐边上为止。湿润的土壤形成了房屋内的"托儿所"。

小贴士

标记蜗牛

可以使用防水记号笔在蜗牛的外壳上做一个小标记，以区分不同的蜗牛个体。标记好蜗牛壳后，只要标记还在，我们就可以识别它们。

5月10号，准备工作

5月11号，蜗牛客人们抵达蜗牛之家，并逐渐开始交配

6月8号，产卵　　　　7月2号，蜗牛宝宝出生了　　　　8月22号，蜗牛长大了

11月，冬眠的时候到了

（1）喂食

勃艮第蜗牛主要吃蒲公英叶子，也吃放在用餐区的生菜、黄瓜和其他蔬菜。为了长出蜗牛壳，它还需要石灰，所以在饲养容器内要铺设一些石灰石或混凝土，以便它们获取部分石灰。给他们喂一些用石灰、面粉和水制成的粥也是可以的。如果你们将稀饭放在玻璃盘子上，那就可以研究一下蜗牛是如何用齿舌吃东西了。

在喂食实验中，我们放了些蒲公英叶、白屈菜、草和欧榛树叶。下图能看到结果——左上角的蒲公英叶几乎全部被吃掉了。

观察蜗牛进食

115

（2）清洁

更换玻璃瓶中的水，然后用湿布清洁饲养容器的内壁。但是，请勿清洁掉土表面和里面的粪便，因为其中包含了大量的石灰，刚孵出的蜗牛最初就以它们为食。如果饲养容器内有小苍蝇、螨虫或霉菌，可能就需要对其进行大扫除了。如果蜗牛适应容器内的环境，它们将在六月产卵。为了使蜗牛能处于活动状态而不是一直缩在壳里，我们必须定期给它们进行淋浴。

生物学知识——勃艮第蜗牛（*Helix pomatia*）

勃艮第蜗牛是雌雄同体的，这意味着它同时是雄性，也是雌性。但是，两只勃艮第蜗牛必须彼此交配才能孕育出后代，这与西班牙森林蛞蝓（通常被称为杀手蛞蝓）不同，后者也是雌雄同体，但可以在没有伴侣的情况下孕育后代。勃艮第蜗牛的名字源于它在欧洲中部的勃艮第葡萄园区中很常见。当它在商店中被出售时，常被误称为是蛞蝓或法国蜗牛。

因为勃艮第蜗牛具有螺旋缠绕的壳，所以它属于蜗牛。勃艮第蜗牛一般可以长到三十岁。

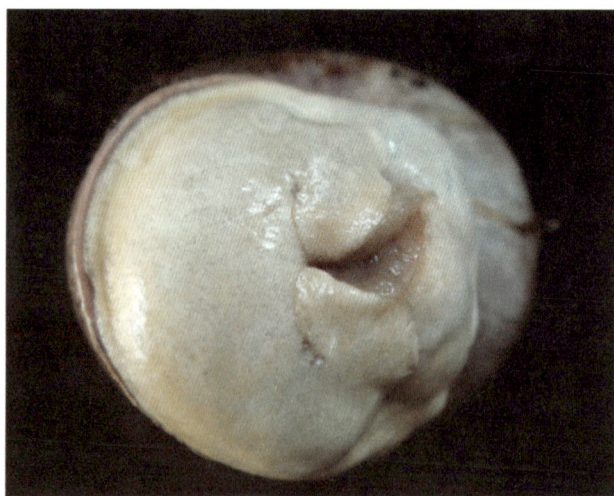

勃艮第蜗牛的石灰盖[1]

---

1. 译者注：当蜗牛缩进壳内，它在开口处使身体与空气等隔绝开来的一层较硬的保护盖被称为石灰盖。

这只花园葱蜗牛（*Cepaea hortensis*）偶然随一束鲜花被带到了屋子里来，两个星期后要把花扔掉时，我们发现了它。用水淋了一下，突然间，它又复活了

图中清晰可见外壳新长出的部分，与更老的部分相比，它呈现一丝透明状

西班牙森林蛞蝓（*Arion vulgaris*）

生物学知识——蛞蝓还是蜗牛

在儿童文学中，蛞蝓和蜗牛经常被混淆。许多孩子以为蛞蝓生活在壳内。但是蛞蝓并没有壳，只有一层外套膜和可见的呼吸孔。

相反，蜗牛有壳，蜗牛的身体和蜗牛壳是连在一起的。

陆生的蛞蝓和蜗牛都属于柄眼目。从生物学的角度来说，蛞蝓和蜗牛是近亲关系。

化学知识——蜗牛壳

蜗牛的外壳由氧化钙（碳酸钙）组成。因此，它必须通过食物来吸收钙。勃艮第蜗牛非常喜欢蒲公英，可能是因为蒲公英中含有大量的钙元素。随着蜗牛长大，外壳也逐渐形成。在干旱时期，蜗牛还会形成一层石灰盖，以保护自身免于脱水。

（十）蚂蚁堆

蚂蚁堆既能小至一个小球，也能大至一个大土堆，能遮住站在后面的幼儿园小朋友。蚂蚁总是能引起孩子们的兴趣。学习蚂蚁堆内及其周围的森林蚂蚁的生活，给大家带来了许多好玩的经历。如果要研究蚂蚁堆，必须在正确的时间以正确的方式开始研究。很容易发生的情况就是我们看到一个大蚂蚁堆，直接冲向那里，然后发展为一片混乱的局面。森林蚂蚁爬到孩子们的腿上，许多孩子变得很害怕而且情绪有点失控。如果是这样开始，孩子们就不会再想访问蚂蚁堆了。

这儿有一个小建议——在冬天或深秋时节开始学习研究，因为这个时间段蚂蚁堆内和周围都很平静。我们可以提出一些问题来引发孩子的好奇心，并让他们有意愿继续调查"我们的蚂蚁堆"。

冬天过后，刚醒过来的蚂蚁开始修复蚂蚁堆的损伤

寻找蚂蚁堆

爬出堆垛的蚂蚁

1. 春天的蚂蚁堆

漫长的冬季过后，冰雪消融，春天来了。现在是时候看看那个大蚂蚁堆了。如果朝南的蚂蚁堆那儿足够温暖，那么是时候开始今年的第一次蚂蚁堆大探险了。我们在距离蚂蚁堆很近的地方已经能闻到浓郁的蚁酸味了。蚂蚁堆正在"醒"过来，"窗户"和"门"都打开了。蚂蚁堆顶部的活动已经全面铺开。如果你将手放在顶部表面的上方，你会感受到那里的温度比旁边的要高一些。现在，森林蚂蚁要将冬天产生的过量二氧化碳排出去，并让新鲜空气流进来。春天的工作开始了。

整个冬天，所有的森林蚂蚁都聚集在土堆下方的地下室中的小房间里，它们处于休眠状态。蚂蚁是变温动物，随周围环境温度的变化而变化。当温度升高使得蚂蚁的身体能再次活动时，它们就会在蚂蚁堆内逐渐恢复身体，并开始工作，而其中一项重要的任务就是修复在冬天被损坏的蚂蚁堆。绿啄木鸟（*Picus viridis*）曾来过这儿，凿出了一个深坑，想要吃到休眠状态下的蚂蚁。我们能看出它在这里大吃大喝过，因为土堆上有些灰烬组成的看起来像香肠一样的粪便。如果把它弄碎，你会发现里面有很多蚂蚁碎片。孩子们通常会问为什么鸟粪是白色的。当孩子们得知鸟儿是从同一个开口撒尿和大便时，他们就会产生很多疑问，而且会很吃惊。其实正是尿液让粪便变成了白色。

越来越多的森林蚂蚁冒了出来，它们正在缓慢地从堆垛的开口处爬出来。在阳光下，它们很快活跃了起来，在正确找到自己的工作角色之前先四处游荡着。闭上你的眼睛，然后去听周围的声音，你肯定能听到它们正在干叶子里沙沙作响哩。

生物学知识——冬眠

动物进入冬眠意味着体温和新陈代谢下降，大多数身体机能暂停。

通向蚂蚁堆的蚂蚁通道

2. 开工

随着气温的升高，蚂蚁堆的所有功能都将启动。蚂蚁通道必须保持畅通，便于蚂蚁们进出蚂蚁堆时进行交通运输。外出觅食的蚂蚁们必须将食物带回给每只在蚂蚁堆内工作的蚂蚁。蚂蚁喜欢所有的甜食，而且还喜欢肉。如果它们发现了一只幼虫，那么就必须把它肢解掉之后才能运回家中。它们搜寻着蚜虫，并会给找到的蚜虫背部抓痒痒，这时蚜虫便会从身体里挤出一滴甜液来。被蚂蚁吸掉的甜液接着就会被它们带回家中分掉，那里可是有很多张口在等着喂食呢！

社会运转需要许多职能。有照顾虫卵、幼虫和虫蛹的保姆，有帮助新的森林蚂蚁破蛹而出的助产士等。有些蚂蚁必须保持蚂蚁堆内的清洁，要打扫并将垃圾运走，例如，那些虫蛹废弃物和死去的森林蚂蚁。另一些蚂蚁则负责蚂蚁堆的维护、修理和新建等。还有首席女工们，她们会照顾女王，确保女王的身体保持干净，并给女王准备食物。女王的唯一工作就是产卵，她每天最多可以产下三百个卵。女王一般能活到二十岁左右。

另外，还有确保开口打开和关闭的看门蚂蚁。

所有在忙碌工作的都是不能产卵的雌蚁，蚂蚁堆内还有带翅膀的雄蚁和雌蚁，带翅膀的雌蚁是未来的女王。夏末时节，在适当的天气条件下，它们会从蚂蚁堆中升起。带翅膀的雄蚁会和女王进行交配，然后死去。女王回到地面并咬断翅膀，毕竟它们没有什么用处了。女王也许会回到原来的蚂蚁堆内，在那里她们已经有了一批工人，或者她们会另外新建一个社区。在大蚂蚁堆中有多个不同年龄的女王，其中的一个优点在于当其中一个老女王死掉之后，蚂蚁堆也不至于就此灭绝了。

3. 蚂蚁实验

"快看蚂蚁通道呀！多么干净的乡间小路。"

看看能追踪它们到多远是件很好玩的事儿。森林蚂蚁往返都走相同的路吗？它们背着什么东西吗？蚂蚁们背着建筑材料或食物呢，还是只是随地走动而已呢？标记小段距离的位置，并数出在一定时间内经过这个位置的蚂蚁数量。

森林蚂蚁通过散发出气味来向对方展示自己的去向。横贯地面放下一张A4纸，会发生什么？对的，森林蚂蚁困惑了。他们四处游荡，不知道该怎么走。然后，有蚂蚁鼓起勇气穿过纸张，散发出一股气味，很快蚂蚁们便在纸上形成了一条路。在较长的一段时间内保持原样，然后旋转一下纸张，看看会发生什么。蚂蚁会走哪条路线呢？来自同一蚂蚁堆的森林蚂蚁能根据气味认出彼此，它们用触角来打招呼。如果你知道附近还有一个蚂蚁堆，可以将一只森林蚂蚁从它所在的蚂蚁堆移至另一个蚂蚁堆边上。另一处蚂蚁堆边上不能有太多移动不停的森林蚂蚁，毕竟你得追踪你抓过来的这只森林蚂蚁。将该只森林蚂蚁放在另一只森林蚂蚁前面，它们立即用触角互相打招呼了。如果它们接着继续打招呼，好像什么都没发生一样，那么它们所在的蚂蚁堆便是从同一个母蚂蚁堆派生出来的。如果它们停了下来，并且有更多的森林蚂蚁一起过来攻击来访的这只森林蚂蚁，那么它们就是同一地区内的竞争对手了。这时，孩子们通常会说"救救它，救救它"。当然，我们会这样做，并确保它再次回到自己的蚂蚁堆中。

森林蚂蚁在受到刺激或遇到危险时会喷出蚁酸。将手帕放在蚂蚁堆上放一会儿，然后将布上的蚂蚁甩掉，闻一闻，鼻子闻到的就是蚁酸了。一些孩子觉得它闻着很香，而另一些孩子则觉得它闻着太恶心了。

春天，当花朵中有大量汁液时，你可以将一朵蓝色紫罗兰放在蚂蚁堆上。森林蚂蚁会觉得这花不应该出现在那儿，于是就会往上面喷蚁酸，而酸会导致蓝色变成紫色。

夏天结束了，活动仍在继续。通过继续拍摄记录早春、夏天、深秋和冬天的蚂蚁堆并对比，可发现更多问题的答案。

从去年春天开始，蚂蚁堆变大了吗？看起来还好吗？也许蚂蚁堆的一隅已经不再被使用了。要观察的东西有很多。

孩子们与森林蚂蚁产生了联结，当大家在寒冷的季节经过蚂蚁堆时，如果有人在蚂蚁堆上打了洞，孩子们就会变得很担心。明年春天再来拜访它的话，该多令人兴奋啊！

蚂蚁堆里的一条手帕。闻一闻，感受一下蚁酸的气味

在蚂蚁通道上安装一个门框，就可以数出有多少只蚂蚁通过了

活动一：创造蚂蚁堆

为了强化工作内容，可以让孩子们使用天然材料来建造自己的蚂蚁堆，并使用沙箱里的沙子或是泥土来制作出自己的森林蚂蚁。

活动二：气味袋

制作一些小袋子，或将纱布绑起来，然后向其中填充四种不同气味的东西，例如，肉桂、薰衣草、可可或香草。将它们分发给孩子们，并限制他们可以停留的区域，过了一会儿之后，他们就要找到一个拥有相同气味的朋友。气味相同的孩子们可以组成一个小组，在蚂蚁堆周围合作完成不同的任务。

材料：纱布或布袋以及香料。

填充不同香料的小袋子

挑战 1

昨天烘焙的时候，玛卡和米拉撒了些东西到地面上，她们想用地上的食物款待森林蚂蚁。帮帮她们吧！

生物学知识——蚂蚁堆上的鸟粪

在冬天，蚂蚁堆上可以找到小小的白色香肠。香肠 2～3 厘米长，4～5 毫米粗。如果仔细看，你会发现香肠只有表面是白色的，而香肠内部的黑色则是由蚂蚁的壳组成。这其实是绿啄木鸟的粪便。绿啄木鸟靠吃蚂蚁来度过冬季，粪便表面的白色物质是尿液变干之后的痕迹，如果下雨的话，白色的尿液就会被冲刷掉，然后香肠的颜色就变深了。

蚂蚁堆表面的绿啄木鸟粪便

挑战 2

帮玛卡和米拉数出蚂蚁通道上有多少只蚂蚁吧！

蚂蚁遇到危险时会产生蚁酸

化学知识——蚁酸

蚁酸是从蚂蚁体内排出的。蚂蚁用蚁酸来保护自己免受敌人的攻击。

研究一下蚂蚁是怎么喷出强酸的。尝试轻微干扰一下蚂蚁，可以用放大镜轻轻触碰它们，或用一个小罐开口朝下放在蚂蚁堆上。蚂蚁将从腹部后端喷出蚁酸，这时放大镜上将会布满蚁酸。闻一闻放大镜，感受一下蚁酸。

蚁酸可被应用于农业中。将饲料作物（例如三叶草和梯牧草）切碎后再添加蚁酸，可以促进粮仓中的发酵，使牲畜的饲料变得更加富有营养。

（十一）膜翅目昆虫的住所

要和孩子们一起了解昆虫们冬天都去了哪里，其中一种方法就是制作虫管。夏初时节是把虫管放到室外的正确时间，以便在同一年内有"租户"入住。一旦入住了虫管，它们就可以全年住在那里了。可以通过不同的方式来建造虫管，要点是要有至少 5 厘米深的通道入口孔。孔的直径可以在 1 ～ 10 毫米之间（我们的经验是，2 ～ 3 毫米的直径效果最好）。还有一个重要的点是，应该尽可能将虫管放置在阳光充足的地方，最好方向朝南。让孩子们能看到虫管，并帮助照顾里面的房客。6 月就可以将虫管放入塑料或玻璃容器内，或放进用布作为盖头的塑料容器中。不要过早将它们放进去，因为当它们被孵化出来的时候，外面天气还很冷，这个风险可不能被忽视掉。我们考虑的初衷毕竟是要将膜翅目昆虫孵化出来。另外，出于安全的考虑，也请放一小碗糖水，以免膜翅目昆虫孵出时没有人在旁边而导致它们被饿死。我们的经验是，膜翅目昆虫一般在 7 月被孵化出来。

空心管有三种直径尺寸：3毫米、5毫米和7毫米。前面板可拆卸且连接着管道，即使在冬天也可以看到里面的东西。在这里可以看到蛹附着在为雌性膜翅目昆虫搭建的内壁上（请参阅第275页"吸虫器"部分内容）

通常在7月，膜翅目昆虫会从它们的虫蛹中爬出来

生物学知识——膜翅目昆虫是什么？

膜翅目昆虫（Hymenoptera）是最大的昆虫群。瑞典有7000多种不同的膜翅目昆虫。膜翅目昆虫包括蚂蚁、叶蜂、寄生虫、马蜂、蜜蜂和黄蜂等昆虫。

二、食物、粪便和痕迹

（一）欢迎来享用晚餐

寒冷季节外出郊游时，肯定会有孩子询问各种动物都吃些什么。为了让孩子们理解动物觅食的困难，可以让他们为动物们布置一桌美食。

可以让孩子们共同布置一张桌子，也可以将孩子们分成几个小组，分别布置几张桌子。布置餐桌的地方可以选择在石头上或树桩上等。动物们第二天的晚餐想吃什么呢？它们也许想吃一些玫瑰果、山楂、某种带树皮的树枝、球果或某种蘑菇？孩子们找到的食物被摆在了餐桌上。想想谁可能会喜欢孩子们的饭菜。是鹿、野兔、松鼠，还是一只小老鼠？在大家共同讨论之后，可以在食物旁边放一个玩具动物，以表示哪个动物在吃什么。

绘画、拍照或用笔书写记录下桌上的东西，几天后再来同一个地方。餐桌上的食物还在吗？有动物来这里吃过饭吗？周围是否有任何痕迹或粪便？最好记录一下发生了什么，并看看第一次拍的图片，前后进行对比。

为小动物布置一张餐桌，摆上不同的食物

（二）动物之树

另一种实验方法就是装饰一棵"动物之树"。带领孩子们把食物挂在云杉或灌木上，供动物们食用。食物可以是薄脆饼干、苹果、油脂球或不同种类的种子。几天后，再回去看看是否有动物来过这里以及吃了什么，这个过程既好玩儿，又具有教育意义。

材料：可能需要一些塑料动物玩具。

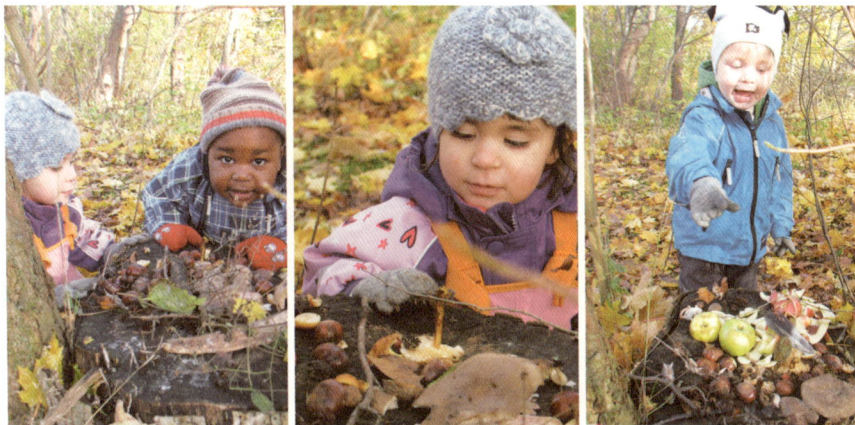

给小动物们准备的美味大餐

挑战

帮玛卡和米拉布置一张摆有动物喜欢吃的食物的餐桌吧！

生物学知识——动物吃什么?

穴兔(*Oryctolagus cuniculus*):青草和香草的新芽、花蕾、灌木和乔木的树芽和树皮。

雪兔和欧洲野兔(*Lepus timidus* 和 *Lepus europaeus*):青草和香草、苔草和小树丛(例如,蓝莓树丛和越橘树丛)、灌木和乔木的树枝和树皮。

松鼠(*Sciurus vulgaris*):云杉籽和松果籽、榛子、山毛榉坚果和橡果,针叶树的花蕾、蘑菇、浆果、水果、绿色植物组织、树皮、一些昆虫及其幼虫,特别是鸟蛋和小鸟。

姬鼠(*Apodemus sp.*):种子、谷物、山毛榉坚果和橡果、绿色的植物组织、昆虫。

鹿(*Capreolus capreolus*):香草、青草、耕作作物、石楠树和蓝莓树这类树丛、灌木和乔木的树枝、蘑菇、山毛榉坚果和橡果。

驼鹿(*Alces alces*):木质化的植物部分、松针、带树叶的树枝、石楠树和蓝莓树这类树丛、香草和耕作作物。

资料来源:《北欧的哺乳动物》,比尔格·延森著,普利斯马出版社,2004 年出版。

(三)食物残渣

"今天我们要去寻找食物残渣。"

一些孩子觉得这听起来有点令人作呕,但是这些食物残渣一点也不恶心。那边的杉树下面是些什么?孩子们跑了过去,大家都知道答案,说是松鼠吃过的一些球果。那它吃剩下的又是什么呢?对啦,我们有次饭后在那里休息过的。现在,孩子们明白了我的意思并开始寻找起来。我们在一块平坦的石头上进行了一场漂亮的展览,这里有分成了几瓣,或是壳上有洞的球果和榛子。

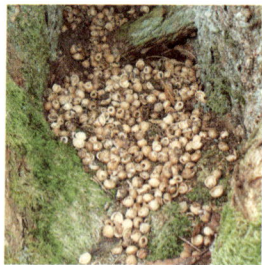
松鼠吃过的球果(食物残渣)

可以通过追踪哺乳动物的踪迹来开始这项活动,但也需要一点人为的指导:"看这里!这会是什么呢?"

孩子们如火如荼地寻找可食用的叶子、能咬动的树皮块和能被食用的玫瑰果。展览规模越来越大,我们面前展现出了一本奇妙的自然教科书。给孩子们布置简单而具体的任务,我们以此为基础,打开了之后进一步学习的大门。

你知道谁来过这里吗

挑战

帮玛卡和米拉找找那些能显示出是哪种动物吃过的食物残渣吧!

(四)蠕虫餐厅

我们走到一棵已经掉了许多叶子的花楸树边,树下的地面有点泥泞,只有零星一点植被覆盖在地上。有点奇怪的是这里有许多个小树叶堆堆在各处。

"真奇怪!是谁堆的树叶堆呢?"

小"侦探"们立即活跃了起来,并开始对地面进行了调查。耳边传来许多的评论声。

"这个树叶堆几乎牢牢卡在地上了!"

"看呀,这下面有个洞!"

当一个小男孩在一个树叶堆下发现了一只蚯蚓时,大家都开心极了。蠕虫们得原谅我们破坏了它们日夜辛劳的成果呀!想象一下,这些小动物竟然可以把叶子拉到地下去。我们赞叹不已,把这些树叶堆称之为蠕虫餐厅。蠕虫餐厅马上就得名"蠕当劳"了。孩子们自己有了户外活动的经验,成年后还会偶尔继续往蠕虫餐厅里看。我们还一致同意蠕虫需要外界帮助才能让叶子变软,以便它们可以"吸食"叶片。有个小朋友已经知道了是小小的真菌和看不见的动物在帮助蠕虫烹饪食物。对于一个幼儿园小朋友来说,这已经远远超出了要求的知识点范围。本次活动的要点是要让孩子们能够意识到如果没有这些食用叶子、树枝和浆果等的动物们，我们的生态系统将无法进行正常的运转。不仅是针对孩子们，我们成年人也一样要有这样的意识。现在，一个小朋友在泥土中发现了一些小土堆，它们看起来像卷卷的小香肠。我们可能又发现了一些食物残渣了，但它可能得等到下一次户外活动寻找动物粪便时，我们才能再做分析。

"我觉得整个森林里到处都是食物残渣呢！"玛雅说。

发现一条蠕虫

挑战 1

玛卡和米拉想趁蠕虫正在吃树叶的时候将它抓个正着。帮她们找到一只正在吃树叶的蠕虫吧！

挑战 2

玛卡和米拉觉得人们的盆栽植物看上去有点下垂。收集一些蠕虫的粪便，然后放入浇水壶中，给盆栽植物施施肥吧！

可以在草坪上找到这样的蠕虫粪便堆，直径约为 2 厘米，比周围的土壤含有更多的养分，如氮、磷和钾。这些粪便堆收集起来，可以用作室内盆栽植物的养分

（五）蝴蝶餐厅

通过选择在院子中一个阳光明媚的角落里种植各种植物，例如，醉鱼草、千屈菜和香蜂草，我们可以布置一个有多样化菜单的蝴蝶餐厅，来帮助蝴蝶和其他昆虫们找到食物。这个餐厅会给大家带来感官体验的乐趣，也是研究昆虫的场所。大家可以在瑞典自然保护协会组织编写的《蝴蝶手册》中找到更多的建议和技巧。

小红灰蝶停在大拳参上

化学知识——气味

蝴蝶只需要几个分子便能感知到花朵的气味，而我们人类则需要数百万个分子才能辨别出来。

（六）痕迹侦探

当地面上有雪时，正是寻找动物痕迹的好时机。让孩子们成为痕迹侦探吧！

将孩子们分成几个小组，讨论一下什么是痕迹，以便他们知道要寻找的是什么。最好带些放大镜，以便能够找到小小动物的痕迹。可以在院子、公园或是森林里寻找。

老鼠的痕迹很小，你能看到它尾巴拖成的一条线。它的痕迹通常开始并结束于雪中的一个洞口处。我们还可以看到其他动物的痕迹，例如，鸟儿、松鼠、兔子、野兔和小鹿。通过跟踪它们的痕迹，可以推算出它们在忙些什么。
也许松鼠的痕迹在跳上了一棵树后就不见了。大家可以讨论的问题如下。

——有什么餐食的痕迹吗？

——野兔每次能跳多远？

——野兔往哪边跳了？

——小鹿停下来吃过东西吗？

——动物们有留下它们的粪便吗？

——我们在地上发现羽毛了吗？

——这些痕迹是哪种动物留下的呢？

材料：放大镜以及动物痕迹相关的书籍资料。

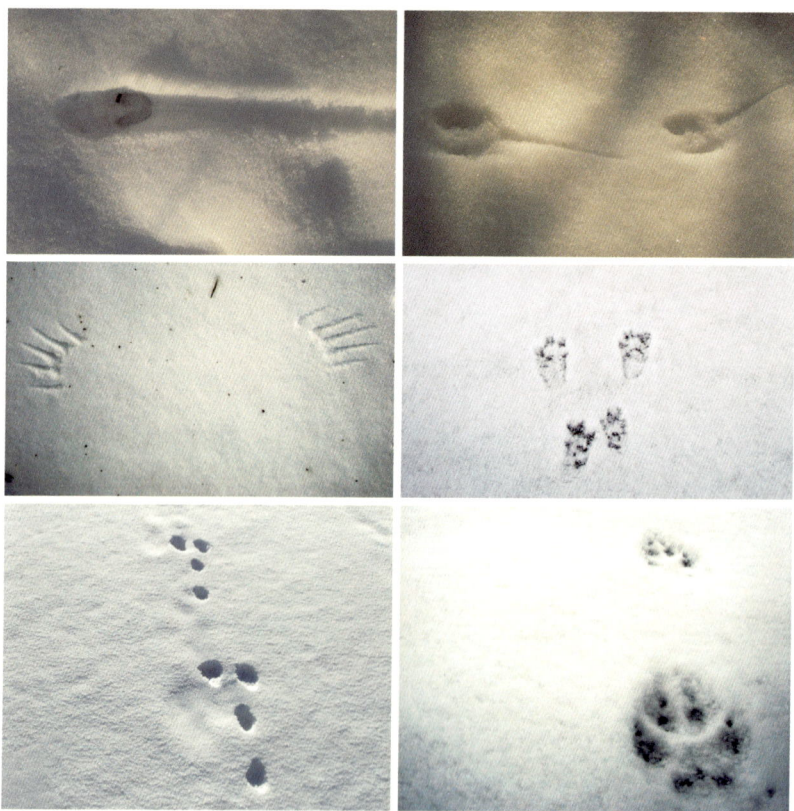

小鹿（左上）、林鼠（右上）、鸟儿（左中）、松鼠（右中）、野兔（左下）和狐狸（右下）的踪迹

1. 松鼠

"看呀，有只松鼠！"

我们大人和孩子们都欢呼雀跃起来。看着这只可爱的小动物快速爬上树干，或从一棵树跳到另一棵树上，大家都十分兴奋。如果幸运的话，我们会看到更多的松鼠。它们上蹿下跳，还发出拍打的声音，仿佛他们在树干上玩着"触碰捉人"[1] 的游戏。可能是松鼠幼儿们在玩，但也很可能是交配时间，雄性松鼠们正在努力给雌性松鼠留下好的印象。

松鼠

2. 松鼠及其食物

秋天，松鼠的皮毛变厚，背部和尾部呈灰色，前部带浅浅的颜色。冬天的皮毛中含有更多的空气，并且保暖效果很好。

松鼠在秋天收集了球果、山毛榉坚果和橡果以及蘑菇。球果、山毛榉坚果和橡果可能被藏在树洞中，或地上的一些树木残骸旁，蘑菇则被钉在树木上方的一根树枝上。蘑菇在那里风干之后将会是过冬的上好食物。冬天来了之后，要找到食物储藏地并不总是那么容易的。或许白雪会把它们藏起来，而且松鼠似乎还有点健忘。但幸运的是，松鼠可能会找到它朋友们藏起来的粮食，而它的朋友们也许会找到它的。

尽管松鼠的移动速度很快，但也要小心其他想要饱食一餐的动物们。松貂、苍鹰和野猫都是它的天敌，道路交通也是一大危险。

3. 球果和种子

正如歌词所唱："云杉上的松鼠将给球果剥壳……"

云杉和松果是松鼠冬季最重要的食物，富含营养的小种子是冬天里的基本食物。当我们看到躺在地上的那些种鳞和被吃过的球果时，这一点就变得更加明显了。如果种鳞是散布在地面上的，那么松鼠的用餐区则在树上。种鳞也可能聚集在树桩或石头上，那么松鼠就是选择了坐在那里吃球果的。松

---

1. 译者注：这是一种儿童常玩的游戏，要有两个或两个以上的小朋友一起才能进行。其中一人追赶，其他人则被追赶。追赶者在触碰到被追的小朋友时，同时需要说出一个游戏开始之前就定好的暗号，这时被追上的小朋友就将变成追赶者。游戏依次进行下去。

鼠喜欢在同一地方剥开许多个球果。

在一个球果丰收年中，食物似乎源源不断。这时松鼠们就会乘机多吃一些种子，当初春的阳光开始照耀时，针叶林里便开始咔嚓声不绝于耳了。种鳞伸展开身子，很快小种子们便开始纷纷掉落到地上了。在种翅的帮助下，它们可以从原本的杉木所在地飞出好一段距离。种子们还会随着融化的雪水航行到达新的地方。

我们还能发现躺在雪地或地面上的小云杉球果，它们看起来好像有人用剪刀剪过。其实这是因为松鼠为了够到云杉的雄花序而咬掉了树枝的最外层。

松鼠不是那种乐于在恶劣天气外出的动物。也许它已经搭建好了自己的巢穴，或是还在使用旧的鸟巢。它舒服地躺在那儿，温暖如毯子一样的尾巴披在身子上。早上向外望出去时，如果外面在刮风下雪，它就会爬回来，将尾巴盖在身上，继续呼呼大睡去了。

带有翅膀的富含营养的云杉种子

每个种鳞下面都有两颗种子

4. 所有的孩子都成了松鼠

松鼠是我们在冬天便于进行学习研究的动物之一。学习研究的工作会让孩子们想出很多问题，孩子们通过扮演松鼠，可以尝试诸如剥壳和搭建温暖的冬日巢穴之类的技术活动。

我们舒适地坐在地上，交流着关于当松鼠的经历。感觉当一只松鼠简单又容易，食物充足，嬉戏玩乐，天气不好时还可以赖在床上。大家都觉得松鼠很可爱，都迫不及待想要立马开始扮演松鼠。

松鼠每天要吃许多球果才能吃饱。云杉的球果被风吹下了许多，现在孩子们要尽可能多地收集这些球果。每个小朋友都像小松鼠一样冲来冲去，很快我们就有了一个高高的未被食用的球果堆了。现在,获取种子的繁重工作开始了。有些孩子只需要找到一块大石头或一个树桩,因为他们的松鼠会在那里吃饭。大人可以用手指剥开一些种鳞,展示鳞片内部成双成对的小种子。

不过,哎呀,好多失望的声音哟:"不行,这太难了。"

有些孩子努力找来了一个或一些小种子。因为很小,所以孩子们理解了为什么松鼠们需要吃很多才能吃饱。没有人能拿出像松鼠剥了壳一样好看的球果。现在,做松鼠好像变得不再那么简单了。我们满怀钦佩地看着躺在地上的那些剥了壳的球果,想象着这小小的动物竟可以如此迅速而仔细地剥壳。要点其实是它们有坚硬而锋利的牙齿。它将球果固定在前爪之间,并旋转它直至种鳞掉出来为止。稳稳地坐在树桩上还好,但想象一下坐在树枝上进食的同时还要保持平衡,那多不容易呀。幸运的是它的尾巴可以保持身体的平衡。与熟练地给球果剥壳一样,它也能熟练叩开榛子。它先在榛子底部咬一个小孔,然后将下排牙齿插入孔中,并用门牙将榛子叩开,以便将其分成两半。当然,在能吃到球果和榛子之前,是需要进行很多类似的训练的。年幼的松鼠经常因为叩开球果和榛子的方式不对,而把只吃掉一半而凌乱不堪的食物留在了原地。

尽管冬天没有更多危险,但松鼠的生活在夏天时当然还是更容易的。那时食物更充足,例如有花蕾、浆果和鸟蛋。在春天和夏天,雌松鼠会生下幼崽,通常会生两窝。松鼠的幼崽很容易受到敌人的攻击。如果不是这样,我们很快就会觉得这些可爱的动物是害虫。想想每只雌松鼠在每个夏天都会生出十四只松鼠宝宝,如果那么多的鸟窝都被破坏了,那就不好了。尽管正如孩子们所说的,它们"十分可爱",但不多不少的数量才是最好的。

冬天的松鼠

三、鸟类

鸟类一直出现在我们身边。有时我们既可以听到它们，也可以看到它们，但是当它们唱着动听的歌曲时，通常是在藏身于绿色植被之中的时候。在冬末和春天，我们可以看到鸟儿在筑巢，而在夏末，我们偶尔会遇到正在锻炼飞行能力的幼鸟。对鸟类这一主题的学习和了解可以从许多不同的角度入手，接下来就会有一些活动小贴士。

（一）鸟类的衣服

我们很少能像亲近鸟类一样亲近其他的野生动物。大山雀和蓝山雀都很乐意现身，我们也可以偷偷靠近鸽子们。雄性苍头燕雀胸口的颜色很美丽，知更鸟的名字里尽管有红色[1]，但它却有着橙色的胸部。喜鹊很容易被认出，并且经常在我们附近出现。

鸟的羽毛是收藏家的热门收藏品。跟羽毛相关的问题有很多。

——这是谁掉的羽毛？

——这根羽毛来自鸟的哪个部位呢？

——鸟类会觉得冷吗？

——鸟类会弄湿身子吗？

——为什么羽毛会有不同的颜色呢？

——为什么雌性苍头燕雀的羽毛没有雄性苍头燕雀的那么漂亮？

如果我们将羽毛和我们的衣服进行对比，将更容易解释和理解。在贴身的地方，我们人类会穿着柔软的内衣裤。而对鸟类而言，羽绒就起到了内衣的作用。除了内衣之外，我们还有其他衣物，鸟类也有。它们的各种羽毛就是我们的 T 恤、裤子、稍厚一些的毛衣以及可以套在下方衣物外面的外套。

并非所有人都是乐于收藏羽毛的收藏家，但是通过鸟类标本，我们也可以展示不同类型的羽毛，例如，大翎毛和尾羽。有些鸟类的羽毛，例如，雄性苍头燕雀，在春天时是最漂亮的，因为这时它们穿上了美丽的"婚纱"。雄性苍头燕雀身上的老羽毛会在冬天逐渐脱落，下面颜色更加鲜艳的新羽毛

---

1. 译者注：知更鸟 rödhaken 瑞典语名构词中的 röd 指红色的。

就会露出来。这可以和参加宴会前要更换着装的人相类比。

雄性绿头鸭的羽毛

通过研究一对鸟儿的羽毛颜色，可以发现它们是如何筑巢，以及是在何处筑巢的。雌性苍头燕雀和雌性鸭子都住在露天的巢穴中，因此羽毛必须融入大自然的颜色，也就是伪装色。大山雀和蓝山雀都将巢穴搭建在洞穴里，因此雌性大山雀和蓝山雀们可以穿着颜色鲜艳的衣服。

通过开始看羽毛，孩子们的兴趣被调动了起来，他们一到户外就开始寻找起羽毛来。将找到的羽毛插到一个软球上保存起来。通常出现的一根虎皮鹦鹉或普通鹦鹉的羽毛，一般是某个孩子从家里拿来的。在瑞典的野外是没有这些鹦鹉的，不过它们真的很美。可以将这根漂亮的羽毛也插到软球上。

时不时可以将孩子们聚集在软球周围，并尝试弄清这些不同的羽毛来自鸟儿的哪些部位。这些羽毛来自不同种类的鸟儿身上吗？它们来自大鸟还是小鸟？在这里，为了让所有孩子都活跃起来，可以提出一些有成效的问题。使用放大镜也是个好方法。

也许我们有时还会发现一只死鸟，那么我们可以对它进行仔细检查。羽毛是进入鸟类世界的好入口，下面你们会发现各种各样的鸟类活动。

斑尾林鸽

斑尾林鸽的衣服：

A. 内衣　　B. T 恤　　C. 稍厚的毛衣　　D. 牛仔裤　　E. 外套

F. 赴宴准备的项链　　G. 大翎毛　　H. 表层的精美服饰

（二）收集羽毛及羽毛游戏

1. 羽毛球

羽毛球既是一种美丽的装饰，也是一种简单
又便宜的保存羽毛的方式。在软球上直接钻一个
洞，将绳子的一头绑上一颗小球，从软球的一侧
经过这个洞穿到另一侧，此操作可以借助一枚粗
针来完成。现在大家可以将软球悬挂在户外了。
让孩子们把羽毛插进球里，他们就可以看到羽毛
球在风中的姿态了。现在可以研究风是从哪个方
向吹来的，还有当风吹过羽毛球时，羽毛们看起
来如何。当然无论是幼儿园的外出郊游，还是与

羽毛球

父母一同外出，孩子们肯定都会发现更多的羽毛的。于是，羽毛球变得越来
越密集，渐渐地布满了大大小小、五颜六色、形状不一的各种羽毛。

材料：在花店能买到的多孔材料制成的软球，绳子或是细皮带、小木球
或纽扣，可能还需要一根粗针。

2. 瓦楞纸支架

另一种保存羽毛的方法就是制作一个瓦楞纸支架。将一短截瓦楞纸用图钉固定在树干或墙面上，固定的高度要适宜，以便孩子们能将羽毛插入瓦楞纸中。

还可以将瓦楞纸板片粘贴到白色纸板上并制成羽毛画，孩子们将羽毛插入瓦楞纸板中，画就完成了。

材料：瓦楞纸、图钉、白纸板和胶水。

工具：剪刀。

瓦楞纸羽毛支架

3. 羽毛装束

用瓦楞纸板制造羽毛装束也很容易。将瓦楞纸板按照每个孩子的尺寸剪成一定的长度和宽度，使用订书机将一根松紧带固定到瓦楞纸板的末端。松紧带可以让羽毛装束的安装和固定变得更加容易。现在，主要部分已做成，孩子们可以将羽毛插进瓦楞纸里了。

材料：瓦楞纸和松紧带。

工具：剪刀和订书机。

用瓦楞纸制造的羽毛装束

4. 弓和羽毛箭

在瑞典许多孩子可能已经玩过弓箭，并想象过自己射杀小鹿用作晚餐的场景。但也许没有那么多的孩子曾被允许去制作和尝试使用弓箭，这就很可惜了，因为在这个过程中可以发现很多令人兴奋的东西。

找到一根有韧性的适合制作弓的木棒，在其两端劈开两个裂口，将绳子固定在两端裂口处，使得拉弓时绳子不会滑落。箭则由一根笔直的易于削减的木棒和若干羽毛制成。首先，在箭一端的长边上劈开一个裂口，小心打开裂口并将羽毛固定住，最后还可以用一点胶水或绳子来固定羽毛。羽毛有助于箭在被射出后能在空气中保持笔直的飞行路线。

材料：木棒、绳子、羽毛，可能还需要胶水。

工具：剪刀和小刀。

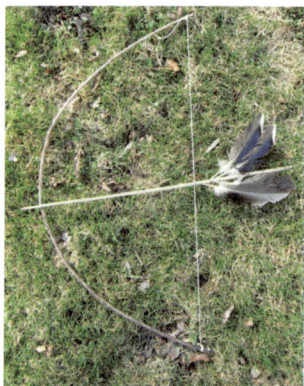

用木棒和羽毛制作弓箭

技术知识——弓

一万两千多年前发明的弓取代了长矛作为狩猎武器。拉弓不需要那么大的肌肉力量，箭头的移动速度比矛更快，移动的距离也更远，其运动的动能可以被转化为电能。

物理学知识——能量、能量转换

能量

当用肌肉的力量将弓箭拉紧时，箭会获得所谓的位能。这种情况下，你可以将这种能量看作是肌肉发挥的存储作用。释放箭头时，位能转换成动能，箭头向前移动。

能量转换

能量无法被创造出来或被摧毁掉，只能被转换。例如，当我们滚动一个球时，我们肌肉中的化学能（直接来自于我们吃的食物，最初则来自太阳）被转换为球中的动能。球与空气分子碰撞，并与地面发生摩擦，因此动能转化为热能。所以，空气、地面和球都会变热。当所有动能都转化为热能时，球停止运动。

技术知识——羽毛

很久以前，羽毛就被用来辅助控制飞镖和羽毛球的飞行了。现在，这些通常由塑料替代了。鸟的羽毛仍被应用于弓箭，而且通常用的是火鸡毛。羽毛增加了箭后方的摩擦力，使箭的飞行更稳定。如果放置的羽毛不是完全笔直，而是略微弯曲的，箭头将会在空中发生旋转，从而使其更加稳定。羽绒服中的羽绒连同其间静止的空气形成了一层隔热层，而表层防止了风将人体加热过的空气吹走。

用羽毛辅助控制飞镖和羽毛球的飞行

5.羽毛转呀转

找到一个栗子和两根大羽毛。在栗子顶部两边各扎一个孔，然后插入羽毛。试着将其高高抛向空中，或从高空抛下，使其旋转起来。需要很高的高度，羽毛才会旋转起来。

材料：一个栗子和两根羽毛。

工具：钻子。

让羽毛转起来

6. 木棒鸟

可以用不同的方式来制作木棒鸟，只需尽情发挥想象力即可。使用各种大小和形状的木棒，羽毛可以作为翅膀，较小的木棒可以用作骨头。用钻子钻孔，将羽毛和小木棒插入其中，也可以用绳子来固定。

材料：绳子。

工具：小刀或者土豆削皮器，还有钻子。

制作木棒鸟

（三）鸟的任务

这项活动对老师和学生的物种知识没有太高要求，目的是让孩子们注意到周围鸟类的大小、颜色和声音，并将他们的好奇心激发出来。

将孩子们分成几对或几个小组，给他们指示需要他们共同协作的任务。让他们外出执行任务，然后再回来。他们可以展示并描述一下他们做了什么，听到和看到了什么。孩子们的叙述是最重要的。

任务举例：

——找到一只鸟，回来之后请描述一下你们所找到的鸟儿。

——尝试尽可能近距离地靠近一只鸟，你们可以靠得最近的距离是多少？你们是怎么做的呢？

——尝试找到一只正在筑巢的鸟儿。

——听一听鸟儿的歌声或啼叫声，回来之后尝试模仿鸟儿的叫声。

1. 喂鸟

冬天，在大自然中非常安静的半年[1] 里，喂鸟成了既有趣又富有教育意

---

1. 译者注：瑞典地处北欧，冬季一般持续时间长达半年之久，因此作者在这里说的是瑞典冬季的半年。

义的活动。站在窗户前看着鸟食餐桌上的活动，既轻松又有趣，同时还能学到有关鸟类生物学的知识。多种不同的鸟飞到鸟食餐桌上来，给学习辨认普通的鸟种提供了很好的机会。当然，有时也会出现不寻常的访客。此外，鸟食餐桌还为鸟类熬过冬天作出了巨大贡献。喂食还可以引起老师和孩子们对鸟类生存条件和生存策略的好奇心。

自制的鸟食餐桌

自动取种机看起来可能有很多种，可以在商店内购买，也可以自己制作。这里有一些与孩子们一起制作的简易自动取种机的例子。

（1）牛奶盒

在牛奶盒的底部向上两三厘米的位置剪出一个口子，沿着边剪开五厘米左右的距离，并将其向侧边折叠。将纸板稍微向内按压，并用牢固的胶带将其粘起来。然后，在盒子顶部打一个洞，并固定住一根细绳。底部打一些小孔，以便雨水能流出。将种子倒进去，再将自动取种机悬挂起来。

用牛奶盒制作的鸟食罐

材料：牛奶盒、强力胶带和绳子。

工具：小刀。

（2）塑料瓶

也可以用塑料瓶，在瓶口固定着一个泡沫塑料制成的托盘。在瓶口上方附近扎孔，使得种子能流出到托盘上，在距离瓶底几厘米的地方扎两个孔，以便固定一根绳子或是钢丝用于悬挂。

用塑料瓶制作的鸟食罐

材料：塑料瓶、绳子、泡沫塑料或普通塑料制成的食品托盘。

工具：小刀。

（3）树枝

如果有砍断的树枝，就有机会再多做一种自动取种机了。树枝必须足够粗，以便能在棍棒上钻孔。这个孔不能穿透树枝，将其钻得足够深且足够大即可，以便能够放少量的食物在孔中。上好的食物指的是拌过椰子油的种子，将其倒入孔中，或将种子直接放在孔中，然后将椰子油撒在种子上。椰子油可能会在木棒移动之前固化住。木棒顶端固定一个可以用来绑住绳子的螺丝眼。

材料：树枝、螺丝眼和绳子。

工具：钻头。

（4）花盆

使用花盆可以制作"饲料铃"。找到一个粗细与花盆底部的洞口正好合适的木棒，将它从花盆里面穿过洞口。花盆将紧紧和木棒契合在一起，这时木棒就像花盆洞口的木塞，实为鸟儿将要停落的地方。如果木棒光滑而笔直，可以将绳子绑在花盆内部的木棒四周，这样木棒也不会从绳结处滑落。如果木棒和洞口连接不够紧密，可以再找东西紧一紧，否则融化了的椰子油就会轻易流出了。

用花盆制作"饲料铃"

将椰子油放在锅中，或是野餐炉上融化成液态，然后和鸟食种子混合在一起。当混合物半凝固时，将其倒入花盆中，然后任其完全凝固。

在种子混合物被倒入花盆，且完全凝固的过程中，将"饲料铃"放在一个高高的罐子上有助于这一过程的完成。

材料：煮锅或是野餐炉、直径约为 7.5 厘米的花盆、粗绳、木棒、椰子油、鸟食种子，可能还需要一个高高的罐子。

喂鸟处附近的鸟类图片让孩子们能更容易看出它们之间的区别，在他们学会鸟类的名称之前，还能指着图片思考一番呢

为了防止大鸟抢走小鸟们的食物，可以将食物锁在金属笼子里

鸟饲料的食物种类越多，到访的鸟种类也就越多。在这次喂鸟活动中，较大的啄木鸟被油脂吸引住了；沼泽山雀、蓝山雀和大山雀偏爱种子混合物；长尾山雀吃掉了油脂球[1]；红腹灰雀和松鸦吃的是掉落在地上的食物

生物学知识——种子的短缺

农业的发展影响了鸟类食用种子的供应。用农药来控制杂草——这些杂草经常是一年生且有很多种了的植物——以及有效清除杂草中的种子，导致能被鸟类食用的种子数量减少了。

---

1. 译者注：油脂球指的是面粉、油脂、向日葵籽等的混合物，很容易在瑞典商店中买到。

2. 观鸟

（1）戴菊——森林中最小的鸟

当我们在一个温和的冬日去到杉树林时，如果我们真的能保持安静，就能听到云杉树丛中发出的轻微而悦耳的哔哔声。那是小戴菊在寻找食物的时候发出的声音。戴菊是瑞典最小的鸟类，仅五克重。当戴菊在全心全意忙着找食物时，孩子们就可以非常近距离地靠近它们了，有时距离鸟儿正急切觅食的树枝只有几米之遥。如果你见到一只，很快就会见到更多。人们可以将戴菊称为独立的群鸟。在寒冷的时节或是在夜晚，这种鸟会完全相互依存在一起，但是在温暖的日子里，它们似乎并不在乎彼此，反而保持着距离。

通过黄色的飞机头型，以及听起来像是云杉顶部吱吱作响的三轮车的声音，可以辨认出是戴菊（*Regulus regulus*）

并非所有的戴菊都会留下来过冬，有一部分会飞走。但是，两种选择都同样危险——无论是自己在长途旅行中面临危险，或是在寒冷的冬季里面临冻死的危险。

戴菊有既定的觅食路线。在温和的天气里，戴菊觅食的往返路程更远些，但停留时间更短。起点和终点始终相同。它们一起睡在树木的枝干上。在温和的冬季傍晚，它们在休息之前，会发出一些哔哔声和吱吱声，并且会调换位置。随着天气转冷，戴菊的行为也会发生变化。它们缩短了觅食往返的距离，因为它需要消耗能量才能飞得很远，那么现在最好就是在每个地方待更长的时间了。当天真的冷下来了之后，在白天，小戴菊每三秒钟就要找到一只蜘蛛或其他的爬行类动物来食用。做最小的鸟也是要付出代价的。戴菊生存一个半小时所需的食物量和一些体积更大的鸟（比如，煤山雀）一天需要摄入的食物量是一样的。如果戴菊要熬过长夜，它必须吃掉六克左右的东西。早上，它又只有五克的体重了。夜幕降临时，它们在休息前不再发出吱吱声了。紧紧地坐在一起的戴菊们重叠起来，看上去就像一个羽绒球。

（2）所有孩子都成了戴菊

我们讲述了冬天时戴菊是如何生活的，然后划出了一片区域作为觅食区，标记出晚上休息所在的树枝的位置。孩子们现在变成了小戴菊，他们在杉树林中到处乱跑，假装在吃东西。现在还不是那么冷，他们便一直在发出声音。我们发出信号表示天已经黑了，晚上到了。于是，孩子们跑到树枝区域来，外面很温暖，所以他们在那争吵着，吱吱叫个不停。

"昨天我睡在最外面，现在我要睡在最里面。"

最后，他们找到了自己的位置，摩肩接踵地紧紧靠在一起。

"最外面的感觉如何？中间的呢？相互换一下位置，感受一下是否有区别。"

第二天，鸟儿们醒过来的时候，实在是冷极了。这时，孩子们要保持安静，在同一根树枝上稍微待一会儿。晚上睡觉的时候，树枝这儿听不到一点声响。所有的戴菊都迅速聚集在一起而没有发生争吵。

像戴菊一样抱团取暖

（3）五克有多重

让孩子们感受一下五克左右重的东西，比如，一颗小石子，然后再去大自然中一起寻找五克重的东西。

刚好和戴菊一样五克重的小石子和塑料汤匙

3. 鸟类喜欢哪种颜色

在院子里或游乐场上观看离我们最近的鸟类，真是令人兴奋。鸟类觅食时，实际上重要的有哪些因素呢？所有鸟类都一样吗？鸟类在觅食时会怎么做？食物的颜色重要吗？

有些鸟儿喜欢吃蠕虫，这项活动打开了鸟类在觅食时是如何进行选择的这一研究的大门。

煮一些意大利面，将其分成"蠕虫长度"的小段。用食用色蓝色、绿色、红色和黄色给同等数量的意大利面分别上色。每种颜色约十五条意面就足够了。

将意大利面染上不同颜色，制成"蠕虫"

鸟类喜欢哪种特定的颜色吗？让孩子们提出假设并进行论证，将这一切记录下来。

将"蠕虫"放在通常有蠕虫和觅食的鸟儿出现的地方，比如，一块草地上。确定它们将在地上待的时间长短，通常十到二十分钟即可，但也要根据鸟的位置和数量而定。一段时间过后，将其余的"蠕虫"收集起来，并按颜色进行分类。将结果与假设进行对比。

——还有"蠕虫"被剩下吗？

——所有颜色的"蠕虫"剩下的一样多吗？

——结果的依据是什么？

材料：意大利面和食用色素。

生物学知识——鸟的色觉

鸟类具有发达的视觉，以及比哺乳动物更发达的色觉。从短波紫外线到长波红外线，大多数鸟类的光谱范围很广。我们感受到的一种颜色对于鸟儿来说，它能感受到多种细微的差别。因此，颜色对我们的警示作用有别于它们。看到许多不同颜色的细微差别是有代价的，鸟类通常需要大量的光线才能看到颜色。对于白天活动的鸟儿来说，它们很难在黎明和黄昏时昏暗的光线中感知到色彩。

4. 寻找鸟巢

我们最好是在秋冬季节米开展这项活动，因为那时鸟类已经筑好了鸟巢，树木的叶子也落光了。

原则上，除了乌鸦和食肉鸟以外，其他所有鸟类每年都会搭建新的巢穴，这意味着把找到的鸟巢拿下来细细观看是没问题的。人们通常站在地上就能够到这些鸟巢，而大龄的鸟则不同，它们通常在树木和建筑物较高的地方搭建它们的巢穴。

鸟巢

首先，讨论一下鸟巢的外观和位置。然后，出去走走，一起在浓密的树篱和灌木丛中找找。如果找到了一个鸟巢，可以仔细解剖开鸟巢来研究其组成材料。巢是从外向内构造起来的，必须从内开始剥离。你也可以将鸟巢保存在纸板箱中。如果找到多个鸟巢，则可以比较一下它们的构建方式、材料和所在的位置。可以向孩子们提的有成效的问题如下。

——这个鸟巢是什么形状的呀？

——这个鸟巢是由什么组成的呢？

——筑巢的鸟儿体积有多大？

——这只鸟儿可能下过多少个蛋了？

——如果有只食肉鸟从这个鸟巢上面飞过，那会发生什么？

在树上和灌木丛中都有鸟巢，要点在于要有发现它们的眼睛

从树上掉下来的一个喜鹊窝和一个苍头燕雀窝

生物学知识——乌鸫、知更鸟、喜鹊的巢穴

乌鸫（*Turdus merula*）巢

黏土和植物组织（支根、草和苔藓）制成的巢。置于一棵茂密的云杉树、落叶树或是灌木中。乌鸫通常产 5 个蛋，蛋呈蓝绿色，带棕黄色斑点。

知更鸟（*Erithacus rubecula*）巢

树叶、苔藓、秸秆和根系制成的巢。置于地面上，以树根为防护，或是在树木残骸之类下方的地洞中。知更鸟产 5～7 个白灰色的蛋，带有红色斑点。

喜鹊（*Pica pica*）巢

带有顶部的大鸟巢由黏土、毛发和羽毛制成。置于树上。喜鹊产 5～8 个浅灰色的蛋，带黑斑，长约 3.5 厘米。

乌鸫

知更鸟

喜鹊

5. 鸟儿是怎么飞起来的?

这是孩子们经常问的一个问题,但回答起来并不容易。如果将鸟与飞机进行对比,也许孩子们可以更好地理解?我们来试试!

鸟类和飞机都有构架。鸟的构架是由骨头组成的,而飞机的则是由金属组成。

鸟的翅膀就像飞机的翅膀一样。鸟的翅膀上有不同类型的羽毛,既有短小的羽毛,又有被称为大翎毛的长羽毛。飞机机翼没有羽毛,而覆盖着的则是金属板。

鸟类需要有强有力的胸肌才能飞翔,肌肉使鸟类可以交替抬起和放下翅膀。在飞机上,机翼不会上下移动,但是引擎赋予了飞机飞行的动力。

鸟的背面是尾羽和翎毛,飞机的后部有尾翼。鸟的尾羽减少了湍流,使鸟的飞行更稳定。飞机的尾翼执行相同的功能。鸟的尾羽和飞机的尾翼还有助于它们保持在飞行轨道上。

鸟儿飞翔时,张开的羽毛将翅膀尽可能高地抬起;然后,它们将羽毛紧贴在一起,全力向下拍打翅膀;接着,再用张开的羽毛抬起翅膀,然后收缩羽毛向下拍打。就像飞机一样,鸟的升力取决于翅膀的构造

为了能够飞翔,鸟类要保持羽毛的清洁。大多数鸟类会不断擦拭羽毛,并经常往羽毛上喷点水,使其更容易清洁。

羽毛随着磨损会被替换掉,这被称为换毛。大多数鸟类的旧羽毛会被新羽毛替代,但某些种类的鸟儿换毛的速度很快,以至于它们在一段时间内无法飞行。绿头鸭就是一个例子,它翅膀上的羽毛很快就要进行更换,这意味着它们有一个月的时间内不能飞行。

让鸟类能够飞翔的不仅仅是羽毛。鸟类的骨架是中空的，里面充满了空气，使它们的身体非常轻盈。这是它们能够升起来的条件之一。

托比亚斯站在池塘边，看着天鹅在水面上嬉戏。天鹅突然升起并飞走了。

"哇，天鹅可以飞吗？"

技术知识——飞机

直升机

由一个或多个旋翼产生的升力使得直升机可以飞行。一个旋翼由许多看起来像旋转的翅膀一样的旋翼叶片组成。通过改变机翼与空气接触的角度，直升机可以在空中升起并向前移动、摆动或完全静止在空气中。直升机的升力没有飞机的那么大。

飞机的机翼

飞机被机翼下方的空气向上推起。机翼下方的空气压缩得比上方的厉害，较高的气压使得飞机能停留在空中。飞机的引擎给飞机施加向前的推力，机翼的弯曲形状使机翼下方的空气移动的速度比上方的慢，这样机翼上下方的气压就会不同。飞机必须达到一定的速度才能起飞。

第四章

科学与技术

一、水

（一）小蓝

现在我们戴上蓝色眼镜，与孩子们一起去水源地坐坐，想象一滴水是怎么完成循环过程的。

斯科讷一个叫刀山脊的地方，有一个废弃多年的采石场，现在成了一片水洼。水呈蓝绿色，非常漂亮。绿色的山毛榉和红色的片麻岩墙倒映在水中。其中有滴水叫小蓝。我们现在就跟着小蓝，看看它是怎么完成循环的。

我们的小蓝和众多的水滴从水底上升到水面。可以说，它们是非常干净健康的地下水。这片水洼没有支流，但如果水位升高的话，水就会溢出去。

水洼

一场丰沛的春雨过后，小蓝随着水面的上升，流到了草地上。哇，这简直是探险！从15米深的水底到了草地后，我们的小蓝继续它的旅行。它和别的水汇成了一条溪流，它们会去哪儿？会重新变成地下水吗？我们以后还会看到小蓝吗？

我们去到另一个地方，来到一片湿地。看，小蓝来了！在明媚的五月天，它在湿地各处探索，体验着花儿们的生活。在湿地最低处，小蓝和朋友们聚在一起，变成一条小河。小河流经牧场。牛低头喝水，好险，差点就把小蓝喝进肚里了！

孩子们在河里玩耍，还筑起河坝把水拦了起来，小蓝也被拦住了。它休息了几天。忽然有一天，河坝垮了，小蓝顺流而下，旅程又开始了。

水滴

小河流过牧场和耕地，途中和别的溪流汇集在一起，变得越来越宽。

一天，小蓝突然发现它们流到了一个湖里。水流的速度有了变化，这对小蓝来说是全新的体验。它和别的水滴一起形成了波浪，时高时低，起伏不定。

小蓝看到有人在湖里游泳、滑水、划船，它时不时能撞上螺旋桨或木桨。

小蓝觉得湖真大啊，似乎没有边际。

冬天来了。小蓝不再流动，它变成了冰。它看到很多小朋友来滑冰。冰鞋在冰面上画出了各种线条。

春天来了，冰融化了，小蓝很高兴又可以在湖里自由流动了。但它不知道，它的命运即将被改变。

一天，小蓝被吸进了一根管子，接着进了一个池子。原来它来到了一个水处理厂。经过沙子过滤，再流过一些非常奇怪的路径，它进到一个漆黑的水塔里。里面又黑又冷，待着真不舒服。

接下来又会发生什么事呢？

像坐电梯一样，它先进了一个很大的管子，然后是一根比较细的管子，最后来到一个水箱。小蓝突然发现自己变热了——它是被热水器加热的，它有些傻眼了，还没回过神来，水龙头开了，冷水出来了，小蓝又和朋友们在一起了。这是什么地方？ 哎呀，是洗碗盆！！！因为有人在水里加了洗涤剂，小蓝觉得很难和朋友们融合在一起。

接下来是小蓝一生中最艰难、最屈辱的时刻。它想忘了这段经历。它流去了污水处理厂。总体来说，剩饭剩菜、大小便、微生物、化学物等要经过处理才不会污染环境，污水也不例外。经过污水处理厂处理后，小蓝被再次排放出去了。它流进了后野（Hölje）河。

随着离污水处理厂越来越远，它越来越干净，越来越自在。小河最后流进了厄勒海峡（Öresund）。小蓝现在有点咸，因为它在海里了。关于它入海前经历的冒险，我们下次再讲。

几年后一个阳光灿烂的美丽夏日，小蓝正待在海面，风把它带到了几百

水处理

水滴形成云朵   云朵变成雨点落到地面

米的高空中，它和其他水滴组成了一朵梦幻般的白色云朵。

它在云里待了段时间。云朵不断地变换着形状和高度。

过了段时间，西风来了。风把云吹向陆地。

水滴越聚越多，小蓝觉得待不住了，终于，它变成雨点落了下来。随着"吧嗒"一声，它没落到地上，而是落到了水里。它感觉水里安全又安静，像是回到了家。是的，它发现它现在回到了刀山脊采石场的那片水洼里，它能看到山毛榉在水面的倒影。

小蓝就这样完成了水的循环，不过它现在决定不能待在离出口太近的地方。

想一想，如果牛不慎把它喝进了嘴里，或者人们没用它洗碗，而是做面包时用它和面，它现在会在哪里呢？

物理知识——云是如何形成的

空气中有许多看不见的水蒸气（气态的水）。当它升到大气层会冷却下来，这时水蒸气凝聚到空气中的小颗粒（可以是沙子、盐、青苔的芽孢或是其他能被风吹起的微小物体）上，即所谓的凝结核，然后形成水滴或是冰晶。所以，云可以由小水滴和冰晶共同或是分别组成，主要取决于温度高低。靠近地面的云被称为雾。

化学知识——水分子

水分子由两个基本元素组成，也就是两个氢原子（H）和一个氧原子（O），它的化学名为 H_2O。

（二）抄网师傅和动物管理员

捕捞水生动物可以提高孩子们研究的好奇心。用这种方法，所有的孩子们都有事情要做。当他们给动物分类放到不同的罐子里时，会有很多新的发现。分类的步骤可以让孩子们有机会分清动物的相似与不同。虽然有些动物第一眼看上去一样，但当你近距离观察的时候却能发现它们是不同的。

当我们在捞水生动物的时候，重要的是告诉孩子我们只是借用那些动物，不要伤害或杀死它们。活动结束后，一定要把那些动物放回水里，禁止在陆地上清空捕网。

在开始捕捞水生动物前，要把孩子们分成几组，然后告诉他们怎么使用捕网。给每组发两个水盆和一些罐子。在捕捞前要在第一个水盆里放入水，出于安全原因，在第二个盆里放入盛满水的罐子。这样如果罐子翻倒，则更容易再次找到动物并将它们放回充满水的罐子中。

每组选择一个孩子作为动物管理员，其他孩子是抄网师傅。活动中，只有一位抄网师傅可以站在水边。每个孩子捞三次，按顺序轮流捕捞。所有的孩子捞完了的时候，从第一个孩子重新开始循环，直到活动结束。抄网师傅捞上动物以后，在第一个水盆里清空捕网。

孩子们在捕捞水生动物

　　动物管理员坐在离水较远的地方，这样会更容易监管所有的孩子，而且减少拥挤。他们用勺子捞起动物，根据动物的种类或特征进行分类并放到罐子里或采集管里。动物管理员可以根据动物移动速度的快或慢或者根据它们是在水底或水面上来进行分类。因为水生动物游动比较快，而且身体滑滑的，很难拿住，所以用勺子是一种好的方式。如果孩子们用它们的手指，会更容易把动物挤压致死。此外，双向放大镜是一种近距离观察动物的好工具。

　　我们也可以继续与孩子一起对水生动物进行研究工作，可以寻找最大的动物、最小的动物和最酷的动物。他们还可以用自然物来塑造自己最喜欢的动物。

　　材料：每组一个捕网或滤网，两个容器或小龙虾托盘；供所有动物管理员使用的勺子、小罐子（例如，奶油冰淇淋罐子或冰块盒）和双向放大镜。

小贴士

收集水生动物

　　作为收集水生动物的食槽，小龙虾托盘、糖果盒和冰淇淋罐效果很好。有关材料的更多提示，请参阅第 270 页"收集的方法和材料"的主题内容。

挑战

　　小精灵听说海底有一种动物，它的一个爪子长在下巴下面，长大后还会长出翅膀，她们很感兴趣，是否真的有这种动物存在？请帮助她们找到这种动物吧。

（三）水循环

　　我们在捞水生动物的时候会用到水盆，用来盛放水生动物。回顾水循环要在孩子们已经做了几周关于水主题的活动后。这时，可以允许湖代表大海，孩子们浸入水中的抹布可以代表云。云从顶部的盛满水的水盆中流入下一个水盆，以此类推。最后，水在地面上流动，形成了"小溪"，一直流到"大海"。

我们使用蓝色软管制成了虹吸管，以便水在软管中向下流到湖泊。我们这样做是为了描绘出始终在地下流动的水（称为地下水）。

材料：水盆、广口瓶、软管和抹布。

一种说明水循环的方法

物理知识——水的路径

水总是最容易向低处流，是重力和地球的引力导致水往下流。

（四）水坑

可以利用花园的水坑和孩子们一起研究水的蒸发。最好是选择一块硬柏油地面来进行研究，否则水就会渗入土地里。用粉笔、细线、绳子或其他类似的东西来标记一个或多个水坑的形状。几小时后或是第二天再回来观察，比较水坑和标记。

可以讨论以下三个问题：

——水去哪里了？

——水坑在阳光下或是树荫处会有区别吗？

——有多少水蒸发了？

材料：粉笔和细绳。

水坑

用同样的方式可以标记雪堆的边缘，追踪雪的融化。这个
雪堆在一天内融化了大约 20 厘米

挑战

玛卡和米拉喜欢有一个可以踩水的水坑。她们希望一直能拥有这个水坑。你们能找到或是做出一个不会消失的水坑吗？

物理知识——蒸发

热量会把水从液态变成气态，变成看不见的水蒸气。随着水的温度升高，水分子移动得越来越快，一部分水分子获得了足够的动能，离开了流动的水，在空气中变成气体。但是，每个水分子仍由两个氢原子和一个氧原子组成。

风和空气湿度也会影响水的蒸发。

拓展

用一个合围的塑料罐盖住半个水坑，研究一下水坑会发生什么变化。水坑两边的水蒸发得一样吗？被盖住的那一半水坑的水最终去了哪儿呢？这个实验可以帮助孩子们研究和理解水循环。

像科学家一样的工作方式

提出问题

如果你们把一个杯子口朝下放在水坑上，会发生什么呢？

做出假设

让孩子们说说他们认为会发生什么。

实验

把一个杯子口朝下放在水坑里，然后等三个小时。

结果

在杯子里出现了一些小水滴。

（五）合作建水坝

如果我们要用水来完成一项工作，比如，磨面粉或者发电，我们必须能用某种方式调节水流。为了能尽可能长时间地满足用水量以及保证水流不间断，人类学会了储水，并且能调节水再次流出的速度。其中一种储水的方法是建造带活塞的可开闭的水库。

这项活动可以在一个沙盘或者其他有坡、可挖的土地上进行。在土堆或土坡上挖一个洞，可以用塑料覆盖里面的土壤，避免水渗入土地里，然后在洞上做一个可以用沙子、木板或石头进行调节的出口，用水填满洞。我们可以通过下面有成效的问题来给孩子挑战。

——怎么做才能让水慢慢地、匀速地流出去？

——一半水流出去之后可以储存剩下的水吗？

——当水流出去后会发生什么？

——我们可以收集流出去的水吗？

材料：铲子、塑料（比如，建筑塑料、垃圾袋）、沙子、木板和石头。

玩水是孩子最快乐的事

技术知识——水龙头的水

水龙头是一个我们如何增大和减小水流的例子。但是，水是如何从水龙头流出来的呢？是直接抽水到各家，还是从水塔里抽水上来呢？这个系统就是一个虹吸管，这意味着水从一个高处流到一个低处，不需要能源驱动的水泵。水塔变成蓄水池的同时，给了管道很大的压力。

挑战

在斜坡上和斜坡下各建一个水坝，再引一条两个坝之间的最长的溪流。

这会是多长呢？你们会如何测量呢？引一条最短的溪流，又会是多长呢？

（六）冰点

海里的水是咸水，而湖里的水是淡水。咸水和淡水结冰的温度是不同的。这就是我们这项活动的出发点。

与这些研究相关的有成效的问题：

——咸水和淡水结冰的时候能够看到区别吗？

——咸水和淡水结冰的温度一样吗？

——咸水的味道如何？

——淡水是甜的吗？

——如果我们先往水里加糖，那么结冰之后会发生什么呢？

这些活动创造了讨论水和冰的机会，最适合在冬天、温度在零下的时候做。为了能清楚地看出不同类的水结冰的区别，最好是用透明的冷冻袋来装水。

用两个瓶子装同样多的水。通过添加食用盐使其中一个瓶子的水变咸。适当摇晃瓶子使盐溶解。盐的剂量不会有太大影响，但是孩子必须能够感受到两个瓶子的水的味道是不同的。

用不同的防水彩笔标记两个袋子，使其区别开来。将同样多的水分别倒入两个袋子，用夹子或橡皮圈分别封上两个袋子，将袋子挂到树上、灌木丛或是柱子上，记录袋子中的水的样子。将袋子挂在上面几天，每隔一段时间看一次。整个过程的时长根据室外温度的不同而变化。

把装上水的袋子挂在外面

记录水的变化。小心地挤压袋子，有什么感觉？与之前相比，袋子中的水变样了吗？两个袋子有区别吗？水或者袋子的形状有改变吗？

这项尝试可以调整为比较咸水和加糖的水。让孩子们也尝一下加糖的水。

材料：透明的冷冻袋、水、盐、防水的笔、夹子或橡皮圈、塑料瓶、测量水量的工具、勺子和糖。

物理知识——水的冰点

水在零度时结冰。结冰的时候水分子之间的距离增加，密度降低，所以冰可以浮在水上。密度最高的是 4°C 左右的水。这时，水占的空间最小，每升水的重量都比更热或更冷的水更重。

当水含盐的时候，冰点会变低，也就是说含盐的水温度低于零度才能结冰。

挑战

玛卡与米拉很想滑冰。但是，她们要在咸水上滑还是淡水上滑呢？哪种水最快结冰？帮助她们弄清这个问题。

（七）水的形态

理解水循环一点都不简单，但是大多数孩子都知道，冰在零度以上会融化。

把冰放进一个桶里，把桶放在一个零度以上的环境中，比如，靠在阳面的墙上。每隔相同时间观察一次冰。还没融化的冰浮起来了还是沉下去了？

可以问以下有成效的问题：

——桶里的水会发生什么？

——桶里总会有水吗？

——水会跑去哪里呢？

——我们要如何研究这个问题？

让孩子们将保鲜膜或盖子盖到桶上，然后将桶放在太阳下或是其他热的地方。写下孩子们关于之后会发生什么的假设，然后记录结果。

材料：桶（最好是透明的），可能会用到保鲜膜或者其他继续研究的材料。

冰融化成水的实验

拓展

孩子们关于冰融化的假设可能是对的。这项研究可以通过将融化的水留在桶里继续进行。

小贴士

吃冰淇淋

把冰淇淋从冰箱里拿出来的时候，冰淇淋中的水是固态的。当我们把它放进嘴里加热的时候，水和其中融化的糖就变成了液态。融化的冰淇淋中的水，也就是现在我们嘴里的水，也许最后手上也有的水，将会蒸发成气态。最终，留在嘴里和手上的就只有黏黏的糖了。

物理知识——水的形态

冰是固态的水，融化后变成液态的水。桶里的水会蒸发，意味着它变成了气态。当水分子在桶盖上相互碰撞，就冷却下来，又变成液态的水滴出现在盖子内侧，这就是所谓的冷凝。可以与云的形成相比较。

1. 小水滴

这个游戏的目的是将水的不同形态编成戏剧，以游戏的方式来运用分子这个概念。

我们围成一圈，所有孩子手拉手。这个圈不用是完美的。

这像不像水滴？你们所有人都是水分子，因此你们手拉手拉得这么紧。这就是水分子做的事，它们不会相互分开。

孩子们尝试往里走或往外走，看看这个水滴保持得如何。

水分子们前后摇摆，就像是一支轻柔的舞。漂浮得真美！

孩子们手拉着手，有几个做着人浪。

你们能感觉到吗？现在变冷了。太阳正落山。水分子们因为冷空气变得更坚固了。

水滴变得更紧实，所有的孩子都很坚硬，腿和手臂都变直了。所有人安静地站着。

水分子组成的冰晶真美！长夜漫漫，水分子安静地、坚硬地站着，只是听着，不出声。

孩子们保持不动和倾听的能力得到了考验。

夜里很冷，但现在，看，太阳出来了。你们感受到热是怎么让你们更活跃的了吗？

孩子们又可以开始自由活动了，屁股和肩膀开始慢慢地摇晃。

今天一定会很热。中午阳光闪耀，万里无云。水滴在变热。舞蹈从轻柔的晃动变成了摇滚。

孩子们松开了相互拉着的手，跳跃、旋转。

所有的水分子开始厌恶热气，它们变成了水蒸气——气态。

这狂野的舞蹈持续了一段时间，最后安静下来。

大家的手再次相互拉住。太阳下山了。水分子聚集到一起，又变成了一个水滴。

水　　　　　　　　　　冰　　　　　　　　　水蒸气

2. 冰锥

一天早上，冰锥忽然挂在那儿了，但是我们都没有时间看它们是怎么形成的。

在这个活动中我们要研究冰锥是如何形成的。用针在牛奶盒的底部扎一个小孔，再用一段细绳或线从盒子下方的孔中穿入使水可以沿着线流下来。绳子让水流到地面的时间变长，水更容易冻成冰柱。将盒子挂在或是放在高处：树上、柱子上或是墙上，并往盒子里倒水。等待并观察接下来发生的事情：水流的速度、冰柱形成所需的时间、冰柱的形状和冰柱下的地面发生了什么。冰柱形成的时间取决于室外有多冷以及盒子中的水温是多少。尝试以下的行为并观察会发生什么：往盒子里倒热水、改变的绳子长度或洞的大小。

资料：牛奶盒、针、绳子或线、强力胶带和水。

用牛奶盒制作冰锥

物理知识——冰锥

房顶上的雪和地面的雪与寒冷隔离。即使外面的温度是零下，雪下面的温度还是零上。雪在融化，水从雪中流出来。当水流到屋檐或是山坡边的时候，又会结冰，形成冰锥。隔热效果不好的屋顶还会出现很多很大的冰柱。

挑战

玛卡和米拉发现，如果在花园里有一根冰锥像冰雕一样会非常漂亮。但是她们没有找到。你们能帮她们制作一根吗？

3. 冰霜杰克

这是一个标签游戏，其中一个孩子是冰霜杰克，其他孩子是水。冰霜杰克的优势是可以穿和其他孩子不一样的衣服，比如，戴顶帽子。被冰霜杰克贴上标签的人就会冻成冰，站着不动。如果三个孩子手拉手，组成一个圆圈围住冰的时候，冰就会融化，变回水，他们就可以融化一个冻成冰的孩子。当冰霜杰克将大部分孩子贴上标签，不够三个孩子组成圈的时候，游戏就结束了。

被冻成"冰"的孩子

解救"冰"孩子

（八）水轮

一个展示水力的简单且具有教育性的方法就是用苹果做一个水轮。

用苹果去核器削去苹果核，使它中空。将一个牛奶盒剪成小块，作为水轮的桨叶。每个苹果通常需要 5 ～ 7 个桨叶（可以多次尝试最终得出多长和多宽的桨叶能够最好地提供动力）。切开苹果，放进桨叶。找一个比苹果洞稍窄一点的直棍，将其插进洞。最后倒水试试你做的水轮吧。

材料：苹果（最好是被风吹落的果子）、牛奶盒、苹果去核器和棍子。

工具：剪刀和刀子。

用苹果制作水轮的过程

挑战 1

玛卡和米拉想制作可以旋转的东西。她们有一个苹果、一个旧牛奶盒以及一根棍子，还有无限量的水。她们应该如何做呢？

拓展

为了说明水能帮助我们完成工作，我们可以在苹果轮的轴承上系一根细线。重要的是，不要用去核器，而是用光滑或圆柱形的棍子用力按压进去。这样轴承就可以和苹果一起转了。为了让这个轴承可以在固定的位置转动，我们可以比如在上面固定两个铁环，或者用其他方式保证轴承不转出去。这里，我们将一个小塑料桶系在百叶窗绳上。玛卡和米拉可以上去试试。

材料：一个桶、几个苹果、几个牛奶盒、光滑或圆棍子、绳子和两个铁环。

工具：剪刀和刀子。

| 把苹果水轮放到塑料桶里 | 把塑料桶系在百叶窗上 | 倒水发动水轮 |

挑战 2

玛卡和米拉要坐电梯，她们觉得可以用这个苹果轮，但是不知道怎么办。帮助她们用苹果轮做个电梯吧。

技术知识——水能

瑞典 45% 的电力都是水力发电。（资料来源：瑞典国家能源部。）

物理知识——能量

当孩子们举起水壶向水轮倒水时，他们运用了肌肉力量，这是通过吃食物获得的能量。水壶中的水因为重力"加载"了所谓的"位能"。当水从水壶中流下，这个能量会帮助旋转桨轮。实验效果可与用涡轮机驱动发电的水坝中的水进行比较。

（九）灯心草码头

这一天孩子们是很容易跟上我们的，他们知道我们正在往那条小河走，所以在路上便开始问一些问题。

"今天我们能看见一些小鱼吗？"

"那只青蛙还在吗？"

"能做船吗？"

当我们快走到小河边时，我们就发现了灯心草。绿色，30～40厘米，细长光滑的草秆，这些特质都吸引我们去进行创造。如果用指甲掐草秆，我们会发现里面有一种白色的具有渗透性的东西。指甲沿着草秆的白色物质可以剥出一条白线。让孩子们试着做，但小孩子的指甲做起来不是很容易，他们需要大人的帮助。

开玩笑地说，我们正在尝试剥出"泡沫塑料"，因为孩子们觉得这很像泡沫塑料。我们要解释的是，植物里的白色物质是我们之前制造灯的物质。我们可以将其与蜡烛芯对比，这就是为什么灯心草也叫作灯芯草。下次我们再来这里的时候，要带着灯油和小桶。这样，我们就能看到灯芯吸油了，然后我们还可以点上小油灯。

当孩子讨论得差不多了，就要开始做船了。所有人都认识船，并且很想开始做自己的船。一部分孩子能自己做出来，但是大部分需要帮助。

我们需要提醒孩子们吃午饭的时间到了。所有的大人都知道，我们一到

孩子们的灯心草码头

我们折叠草秆，转几圈。然后，我们再围着折叠的平面绕几圈，使其牢固，最后将船身边缘的草秆都插进去。这样，我们就做成了一个桅杆

达目的地，就会有这个问题。但这个午餐休息时间非常短，因为最激动人心的时刻到了。正汩汩流水的小河边的石头后面，停着 20 多艘小船。这些小船都期待着驶向开阔的水域。孩子们非常渴望看到这一幕。

"看我的小船划得多好，它肯定赢了。"

"不，我的船才会赢，你的已经停了。"

"为什么我们的船翻了？我要做一艘新的。"

现在就到了真正的实验时间了。是桅杆太长了还是太短了？相反的话，它会不会翻？

一些船是靠一片叶子划的。一只船被一根棍子缠住了。现在看起来实验和建造才是最重要的。两个小伙伴把他们的船结合到一起，做了一只可以挑战其他船的结实的小船。这里还有一些其他做船的材料。有人做了一只挺大的船，"因为很适合给一只青蛙乘坐"。

看到某项活动只需要简单的指导和大自然中正确的场地就能完成，简直令人难以置信。看孩子们继续在河里筑坝真是太棒了。现在最重要的不是比赛，而是合作。

这儿有听起来就像"吧唧吧唧"的声音，这是一些靴子在小河里待得太久了。有几只小船必须要塞进书包了，因为孩子们舍不得丢掉。我们可以根据情况看看是做几盏灯还是完全投入到造船的活动中。很遗憾的是时间会很快过去，但我们许诺我们很快会再来这里玩。

拓展

做完灯心草船，我们就有机会来解决一下孩子们的问题了。我们提出来各种有成效的问题，以这种方式鼓励孩子们去做各类研究和观察活动。

灯心草

——你注意到灯心草长在哪里了吗？

——你拿到的草秆是什么颜色的？

——它有多长？

——所有的草秆都一样长吗？

——如果把你的桅杆去掉一部分会发生什么？

——如果你在水里制造一些波浪，小船会发生什么？

——你的小船最多能承载几块小石头而不翻？

——你认为什么样的船能在水里划得好？

建造灯心草船的不错尝试

我们怎么才能知道是什么让船保持稳定？是桅杆的高度？还是船身的宽度？

如果我们认为桅杆的高度是决定性因素，我们必须要建造至少两只船身同样宽且桅杆高度不同的船。如果我们之后要研究船身宽度的作用，我们最少要建造两只桅杆高度相同且船身宽度不同的船。这样，我们就能一次排除一个因素。

技术知识——灯心草

灯心草的瑞典语名字来自于草的茎髓，这种物质是我们用来制造灯和蜡烛的芯的材料。我们从 19 世纪初的文献就可以找到这样的介绍。雷特修斯（Retzius，1806 年）写道，这种轻轻的像蘑菇一样的茎髓，两个交叉在一起，用针头剥下来，是制作常见的油灯灯芯的好材料。

（十）灯心草油灯

灯心草船的活动里，我们说了灯心草的茎髓以前是用来做油灯的灯芯的。

现在就和孩子们一起来做各式各样的油灯吧。

1. 陶泥灯

用陶泥制作一个泥碗，在泥碗的一头做一个放灯芯的小管道，把泥碗晾干。摘几根灯心草，指甲沿着草秆放在白色茎髓下，将白色的线剥出来，就可以用作灯芯了。把灯芯放进泥碗有管道的一头，倒一些灯油，等一会儿，直到灯芯能吸到油，点燃灯芯。

2. 土豆灯

拿一个土豆切成两半，或沿长边切，或沿高切。其中一半要比另一半小，当作盖子。然后把两边都挖空，在盖子上戳个洞，使灯芯能伸出来。为了让土豆立住，可以将三根火柴插入土豆的底部。灯芯和灯油都准备好了之后，就把盖子装上。现在就可以点灯了。

如果土豆是沿长边切的，那就把一半挖空做碗，然后在碗边做一个槽口放灯芯。如果土豆很难切、很难挖空，那就改用苹果。

3. 玻璃罐灯

将油倒进一个带盖的小玻璃罐里。在盖子上戳一个洞，将灯芯插进去。灯芯吸上一点油的时候点燃灯芯。

材料：陶泥、土豆或苹果、小玻璃罐、灯油、火柴和灯心草。

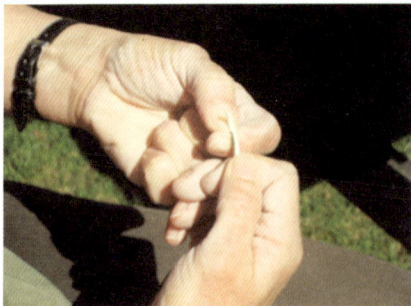

用指甲把灯心草茎髓取出来

用土豆、陶泥、苹果和玻璃罐做的四种油灯

挑战

玛卡和米拉在晚上需要光亮。帮助她们制造一个用苹果和其他自然植物制作的灯吧。

物理知识——油灯

油被点燃的时候，新的油向上通过蜡的毛细管力吸收。现在，全世界仍在使用各种各样的油灯。

（十一）激流勇进

在做灯心草船的活动中，孩子们对测试和改进小船非常好奇。现在就有了激发孩子创造的机会。如果水里有浪，船会发生什么呢，草船还能好好航行吗？让孩子在小河里、岸边、小水坝里或花园里的大澡盆里制造各种各样的波浪。他们可以用手在水里推波浪，把手正好放在水面上，或是拿一根吸管吹水，或者用任何其他能想到的方法。如果是澡盆的话，他们也可以敲盆边。

提问孩子们什么是浪，湖上的浪和海上的浪是怎么出现的。孩子们能看出自己制造的浪与自然形成的浪的相似之处吗？

再挑战一下孩子。

——你们认为可以同时做出小浪和大浪吗？

——最后一个问题是，浪会消失吗？

拓展

与孩子们一起研究不同地理环境中的浪是不是一样的，比如，水的深度、水面的大小是不是有影响，岸边的斜度、陡峭程度会不会有影响。

材料：船和可能会用到的大澡盆或是小水池，吸管或其他孩子们能想到的材料。

澡盆是学习水知识的好资源

> **物理知识——波浪是怎么形成的**
>
> 引起浪的最常见的原因是风。潮汐和地震也会引起浪。人们在开船的时候也会创造不同程度的浪。所有情况下，水都会提供能量。浪里不会有水的移动。

（十二）漂浮的物体

做完灯心草船，孩子们可能会问什么物体是会漂浮的，而什么不会。这个问题可以留到实践中回答。收集一些不同的物品，让孩子们假设这些物品会漂浮还是下沉，并给出理由。然后，把这些物品放进水里，再观察结果。

拓展

可以问孩子们会下沉的物品能不能浮起来。那些可以漂浮的物品能否帮助那些不能漂浮的物品。

橘子漂浮实验

这种情况下，做一个经典的橘子漂浮实验是非常适时的。先让孩子们做出自己的关于"橘子会下沉还是漂浮"的假设，然后做实验，观察结果。之后剥掉橘子皮，做出新的假设，再做实验，再观察结果。

> **物理知识——漂浮**
>
> 漂浮的橘子皮与灯心草茎髓的蓬松的结构都像救生衣一样，因为它们里面有空气，空气的密度比水小，所以它们可以漂浮。
>
> **技术知识——救生衣**
>
> 救生衣可以用任何比水的密度低的材料制成，比如，用软木或用比水密度低的气体填充。

两种结果的实验

因为这些实验的结果只有两种可能：漂浮或下沉，所以孩子们的假设有可能是未经思考的。因此，一定要让孩子们给出假设的理由。

经典的橘子漂浮实验

挑战

玛卡和米拉要和她们的朋友——来自石头城的石头人一起去湖边玩。他很重，很怕沉下去。如果他在湖里摔倒了，帮助他避免沉到湖底。

可怜的石头人像一块石头一样沉下去了，
尽管他穿了橘子皮和橡胶绳的漂浮背心

二、声音、光线和空气

（一）声音

用声音来做游戏，并探索不同材料所发出的声音，一直以来都是人类消闲取乐的活动。数百年的创意尝试，或成功或失败，都已演变成了各种乐器，并给音乐创造提供了条件。孩子们肯定对各种乐器的发明过程有自己的想法。借此机会，跟孩子们讲一讲某种乐器的历史吧。

1. 包装中的声音

大家一起听完声音后，再谈论一下声音的强弱和高低这两个概念。这通常就会引发热烈的讨论，给定义这些概念的含义创造了条件。

开始准备工作时，将各种天然材料，例如，石头、砾石、沙子、水、干树叶、草、榛果和棍棒等，放进四到八个牛奶盒中，各放半盒即可。用胶带将牛奶盒密封完好，并用字母、颜色或其他符号做好标记。

将大家围成一个圈，然后依次将牛奶盒传递开来，以便所有人都能听听不同牛奶盒内发出的声音。

问问大家哪个牛奶盒内发出的声音听起来最高、最低、最强和最弱。聊一聊强音和高音之间，以及弱音和低音之间的区别，然后按从最强到最弱的

听听牛奶盒中什么声音

声音顺序将牛奶盒进行排列，再按从最低到最高的声音顺序进行排列。我们会发现最高音并非总是最强音。

拓展

让孩子们往自己的牛奶盒内放东西，然后给小伙伴们听。他们还可以从自己家里带来不同材料的包装盒。

材料：牛奶盒或类似的包装盒、天然材料、胶带以及记号笔。

物理学知识——声音

声音是什么

声音通常被简单描述为空气中的声波。为了感知声音，还必须有一个接收器，一个可以感知这些声波的听觉器官。实际上，声浪是空气中的分子相互推动时使气压发生变化而形成的。

高音还是强音

当空气快速振动时，会发出很高的音，例如，女高音或戴菊鸣叫（高音＝轻音＝高频声波）。

当声波经过空气缓慢振动时，声音会很低，例如，男低音和大麻鳽鸣叫（低音＝重音＝低频声波）。

强音指的是声音大而响亮，例如，大喊大叫。

弱音指的是声音微弱而近乎安静，例如，耳语。

2. 声音存储器

声音存储器可以用带盖子的塑料罐制成。用不同的材料成对装满罐子。有盖子的优点是，你可以更改罐子内的物体，并且可以让好奇的人往里面看。我们还能用罐子来将孩子分成几对。让每个孩子都拿一个罐子，并找到罐子里发出的声音相同的朋友。如果罐子将会被保留下来，那么可以在它们下面标记上数字，这样你就可以根据儿童数量快速拿出所需的几对罐子了。

材料：带盖子的塑料罐和天然材料。

3. 我听到的是什么

找一个舒适的地方安静地坐下来听声音，是一个感受自然并可以同时训练你的听力和专注力的体验。

同三四个孩子一起找一个地方，一个能让孩子静静待着，并且能吸引住孩子们的地方。这个地方在短时间内将只属于他们。告诉他们说话要小声一些，这样才能听到四周所有的声音。让孩子们聆听声音，并记录下他们所说的话。如下是能向孩子们提的有成效的问题。

——你们觉得你们听到的是什么的声音呢？

——声音从哪儿来呢？

——你能听出是前面还是后面传来的声音吗？

——你听到的是远方还是近处发出的声音呢？

材料：纸和笔。

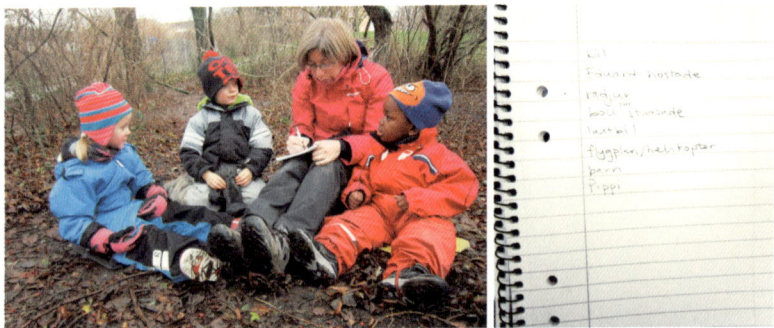

找一个安静的地方坐下来，把听到的声音记录下来

4. 宝藏的声音

孩子们经常收集小木棍，这就很有利于我们来开展这项活动了。没有宝藏地图，孩子们必须共同努力来帮助寻宝人寻找到宝藏。首先，所有孩子都要有两根互相撞击时声音听起来好听的棍子（最好说明一下棍棒的大小，例如，和前臂或和脚一样长）。然后，选一个有鸟巢和灌木丛的地方，让大家围成一个圈，将一个小朋友任命为寻宝人。在另一个小朋友藏宝藏的时候，寻宝人必须将眼睛闭上。然后，寻宝人将试着往四周听一听、看一看，试着去寻找宝藏。围成一圈的孩子们这时将击打他们手上的棍子，声音或重或轻，这将取决于寻宝人离宝藏的距离有多远。随着声音变大，寻宝人就知道宝藏近在眼前了。

游戏可以多进行几轮，让所有想要当寻宝人或藏宝人的孩子都能参与到游戏中来。

材料：一个宝物，例如，一块精美的石头或一根美丽的羽毛。

孩子们在玩寻找宝藏的声音游戏

5. 石头交响乐

让孩子们捡起能被他们牢牢抓在手中的石头，然后让孩子们去听不同种类的石头或不同尺寸的石头相互碰撞时是否会发出不同的声音。如果用石头去敲打其他材料，例如，木棍、沙箱中的水桶或是秋千，那又会发出什么声音呢？

当每个人都试过之后，就可以开始演奏交响乐了。一起歌唱，一起演奏吧！

用石头演奏交响乐

6. 令人眼花缭乱的发明

过去，人们认为嘎嘎响的噪音会吓走山妖和其他鬼魅。因此，人们制造了各种工具，例如，拨浪鼓和陀螺。陀螺还可以用来吓跑地窖中的老鼠，或是用作玩具。在斯科讷地区，它被称为"猫陀螺"，因为它听起来和猫叫一样。以前，陀螺是用猪脚上的特殊骨头做成的，但也有用木头制成的。

用一根木棒就能做成一个陀螺。取一根直径 1.5～2 厘米的木棒，并在木棒的一端钻一个深 3.5 厘米、直径为 3 毫米的孔，然后在距离钻孔的一端 3.5 厘米处锯掉木棍。取一根 120～150 厘米长的绳子，将绳子两端绑在一起，再将两股绳子一起从木棍的孔中穿过，确保木棍两端的绳子长度相等，最后再把一根火柴插入孔中来固定住绳子，将火柴突出孔口部分掰断即可。

将绳子在手上缠绕几圈，将木棍拿在身前，然后旋转木棍，使木棍两侧的绳子扭绞在一起。当你这时向外和向内拉动绳子时，木棍开始旋转，并发出嗡嗡声。

材料：一根木棍、一根火柴和麻绳。

工具：锯子、弓形手钻和直径 3 毫米的钻头。

自制陀螺发出嗡嗡声

7. 软管的声音

有了软管，就可以进行许多不同的探索活动了。有一次，我们将花园软管的小段分发给孩子们，这竟成了一项超级活动。刚开始时，孩子们还有些小心翼翼地拿着软管，稍微把它弯一弯。然后，就有人开始往管内吹气了，于是其他人也开始跟着吹气。一个小朋友意识到管内可以发出放屁的声音，于是其他所有人也开始尝试吹出同样的声音。一些人开始向对方的头发互相吹气，突然有人耳朵里听到了放屁的声音。另外，有个小朋友将软管伸进一个装有水的桶里，然后对着气泡发出的声音哈哈大笑。接着，更多与声音无关的事情接踵而来。在这种情况下，一种材料就足以让孩子们去开展与声音和空气有关的各种探索活动。

材料：若干根水管（约 4 厘米长）。

孩子们用软管听对方的声音

8. 用软管聊天

在用软管做过游戏之后，可以进一步利用所学到的知识来进行交流。与孩子们讨论一下是否有可能与较远距离的人交流而不被其他人听到。可以防止声音往所有方向传播，而只到达特定的耳朵那里吗？收集孩子们的想法，并共同决议出将要测试其中的哪一个想法。

用软管电话聊天

可以根据孩子们的想法展示出所需的材料。将孩子们分成两个小组。他们可以站在灌木丛、仓库或屋角的两边。让他们测试一下自己的想法吧！

当孩子们使用软管时，只能一个人说另一个人听。打电话时可以打开扬声器，以便旁边的人也能听到。是否可以使用现有材料，将软管做成同样的电话扬声效果呢？

材料：长水管、胶带和硬纸（薄纸板或塑料文件套也可以）。

拓展

可以在游戏室之间，或其他类似地方安装一个永久的软管电话。

在幼儿园整修日[1]那天，家长们在两个游戏室之间安装了一条旧的花园软管。为了防止任何人吊挂在软管上，家长们在游戏室之间钉了两块木板，让软管从木板间通过，而软管则用圆孔条和螺丝固定住

技术知识——电话通讯系统

电话通讯系统是以交流为目的而将声音从一个地方转移到另一个地方的系统。过去的管状电话被用于船上甲板之间的通讯，剧院中舞台与控制室之间的交流，等等。管道可以防止声音向各个方向传播并。空气分子在管内互相推动，并将"声波"推向接收器。

---

1. 译者注：在瑞典，幼儿园通常会在一年中的某些天邀请儿童家长到园内，义务帮忙整修园内的设备等，这一天就被称为幼儿园整修日（gårds fixardagen）。

181

（二）光线

1. 影子——瞬间的捕捉

通常，影子瞬间就能引起孩子们的兴趣。在幼儿园附近的人行道上散步时，一个两岁的小朋友在路灯下发现了自己的影子。在我们穿过路灯时，影子跟随着我们，并逐渐消失。

你好，影子

"看呀！"

"你说什么？你能用手指一下吗？哦，你说的原来是影子。"

"看，我的影子变大了！"

"影子不见了！"（一根树枝将路灯挡住了。）

之后的某个晴天，我们在外出散步时停下了脚步，提醒孩子们再次注意相同的现象。他们向后看到了影子。同一周晚些时候，墙上还出现了影子。

一个两岁的小朋友眨了眨眼，说："你好呀，小影子！"

"我的影子好大呀！"

之后，当我们用手在墙上映射出各种手影时，笑声传了开来。

在此案例中，学习情境中的主动性发生了变化。从发现影子的孩子开始，我们将正确的词汇合并到了他的语言中去。然后，教育工作者在另一个场景中提醒了孩子们去留意影子的存在。第三次，在一个新的场景中，与影子的相遇就变成了亲密的重逢。这一次，教育工作者通过做手影而重新回到了教学的主动位置上来。

2. 光和影

观察和研究自己的影子既有趣又有教育意义，孩子们在生命早期就会无意识地这样做了。在这种情况下，可以提出的有成效的问题有：

木桥上的影子

——影子从哪里来的呢？

——影子一直都存在吗？

——什么时候有影子呢？

——影子时时刻刻看起来都一样吗？

（1）测量影子

活动可以在沙地、柏油路或草地上进行。在这项活动中，孩子们要记录下在不同时间观察到的结果。他们可以通过比较观察结果来进一步思考，并得出结论。首先，让一个孩子背对太阳站在一根标线后面。在影子开始和结束的地方用粉笔描画出来，或用木棍和绳子做上标记。为了比较结果，将影子的长度标记上孩子的名字和日期。然后，让所有孩子都依次照做。如果使用了绳子，则将其保存起来，并标上孩子的姓名和日期。如果在柏油路上进行，则可以将结果拍摄下来。在进行新的测量之前，孩子们必须就影子将发生的变化提出自己的假设。白天时，每隔一定时间重复进行这项测量活动。

该活动也可以在很长一段时间内重复进行，比如，一个月、一个季节或一年以内。

材料：粉笔、木棍、记号笔，可能还需要绳子。

孩子们在测量影子

（2）物体的影子

收集一些孩子们熟悉的物体，例如，玩沙子的模型、铁锹、石头、树枝和树叶。向孩子展示这些物体，将它们进行对比，并讨论一下它们的形状和尺寸。

孩子们背对着太阳站成一排，这样每个人都能看到自己的影了了。站在孩子们后面，举起其中一个物体，以便其影子能出现在孩子们面前。让孩子们猜猜它是什么东西。也可以让小朋友将物体举着，这样在其他小朋友猜测时，该物体的影子将能一直映在地上。通过旋转物体，影子会发生变化，猜测的难度也随之增加。

物理学知识——阴影

阴影中甚至也有光线。光线会从例如树木及其周围各种物体的表面，向所有可能的方向发生反射。这被称为漫射光。

3. 神奇的水滴

想象一下，灌木丛树枝末端或铁丝网栅栏上的水滴，像小玻璃球一样悬挂在那儿，多美啊！ 阳光明媚时，水滴几乎在闪闪发光。

为了能够更近距离观察这份美，你可以小心地滴一滴水滴到你的手指上，看看水滴表面的曲面，以及它是如何反射光线的。比较一下通过水滴看到的皮肤，和未通过水滴而直接看到的指尖皮肤。水滴的作用和放大镜一样，皮肤上所有细小的纹路都看得更清楚了。利用此现象来更近距离地观察一下刀片的表面、树皮或手背上的毛发。

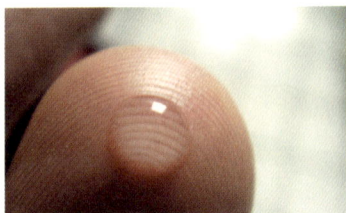

水滴把指纹放大了

拓展

可以将水滴滴在一片有点硬的透明塑料上，这样就成一个水滴放大镜了。这样，你就可以仔细观察更多的地方了。但是，得小心，因为水滴很容易会流失掉。

材料：水和若干硬透明塑料小块。

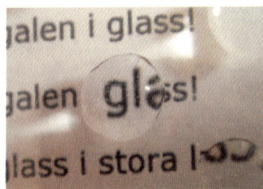

水滴放大镜

物理学知识——水滴

水滴的中部较厚，边缘较薄。它起着放大镜的作用。缩小镜的中间最薄，侧面则较厚。

4. 水上迪斯科

用光和水边玩边做实验会让孩子们很兴奋，并能增加他们对光折射的了解。如果活动过程中能让孩子们共同体验一下彩虹，那就最好不过了。

问问孩子们是否相信自己可以做一个彩虹。想要彩虹出现，需要些什么呢？讨论彩虹中有哪些颜色，以及它们是如何排列的。

喷雾形成彩虹

为了用水管做出一个光谱，需要使用喷嘴将水分散成又宽又细的喷雾。也可以尝试使用洒水器。打开水开关，然后转动软管或洒水器，直到水滴中的光线发生折射，彩虹便出现了，也许还能同时看到多束彩虹呢。

进一步讨论一下是否有可能在其他地方发现光谱。

材料：带喷嘴的水管或洒水器。

物理学知识——彩虹

我们看到的白色太阳光实际由多种颜色组成。当太阳光到达水珠上时，光线发生折射，被反射回去离开水珠的途中将再次发生折射，从而将光线分成了一个光谱：红、橙、黄、绿、蓝、靛和紫。

小贴士

光盘和肥皂泡中的颜色

在阳光下取出 CD 光盘，然后转动它，或是吹起肥皂泡。当光线照射到 CD 或肥皂泡上时，也会有颜色出现。但是，这时发生的折射现象与水滴中发生的光折射可完全不同。

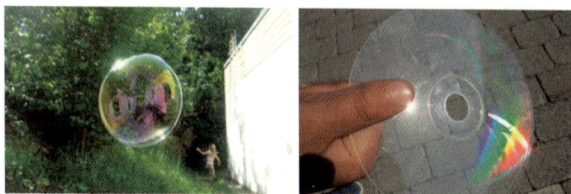

肥皂泡和光盘上的颜色

挑战

小精灵将在中午举办一个宴会，并想要有点宴会的氛围。帮她们准备一下迪斯科灯光吧！

5. 暖手指的反光塔

暖洋洋的太阳光是可以被掌控的。在室内先进行准备工作，用硬纸板折叠出一个圆锥体。圆锥的顶部应该有一个小孔，孩子们可以将手指放进孔中。然后，用铝箔覆盖圆锥体的内部。在一个寒冷的晴天，到户外试试这个反光塔吧！

材料：硬纸板和铝箔。

用铝箔做的反光塔

小贴士

木炭粉笔

打开一个反光条，看看里面看起来是什么样的。

回收利用铝箔来制作木炭粉笔。请参阅第 198 页 "木炭粉笔" 部分的内容。

6. 墙面上的光斑

当太阳光经过某种光亮物体的反射后，墙面上就会出现一道光斑。而光亮的物体可以是一面残缺的镜子、一块手表、水、闪光的装饰片等。给孩子们一个挑战，让他们找一找可以反射太阳光的物体，用来发射阳光信号。

闪光的球形成的光斑

挑战

小精灵有时会需要一些好心人的帮忙，但她们的体积太小了，很难被人听到。帮她们制作一个向人类发射阳光信号的工具，让她们能获得帮助吧！

7. 捕捉阳光

在这个实验中，孩子们将体验一种被称为光吸收的现象。将两个相同的瓶子装满冷水，一个放在白色的塑料袋中，另一个放在黑色的塑料袋（日常装狗粪便的袋子）中。早上，将瓶子挂在阳光能照射到的树上。记录下孩子们对接下来可能会发生的结果作出的假设。让瓶子一直挂到下午，再把它们取下来，让孩子们触摸瓶子。也可以使用温度计来测量温度。思考得出的结果，并收集孩子们提出的问题，根据这些问题，再作出新的假设，并进行新的实验。

材料：两个塑料瓶、一个白色塑料袋和一个黑色塑料袋。

显然黑色袋子把光线吸收了，因为它几乎不可见了

也可以用雪来做实验，将它分别放在一个浅色和一个深色的罐子中，同时放在太阳光下。为了使实验更加公平，罐子必须具有相同的尺寸，装有等量的雪，并且太阳光照射罐子的角度必须相同

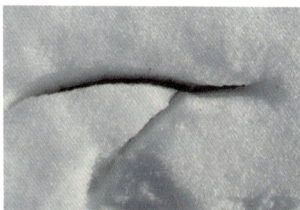

冬季或初春时节是外出探索各种物体如何吸收太阳光的好时机。当雪地表面结成硬壳时，能更清楚地看到木棍、榛果、动物粪便以及其他东西是如何陷进雪里面的

物理学知识——光吸收

当阳光照射在白色物体上时，物体会将所有颜色的光反射回去，因此我们看到的物体为白色。如果物体为黑色，则根本不会发生反射，因此我们看到的物体是黑色的。这也意味着阳光中的能量都被吸收（吸进去）转化成了热能。

技术知识——太阳能板

太阳能板是放置在屋顶上的黑色管道。阳光照耀下，花园水管中的水会变得很热，而太阳能板起作用的方式和这种里面流淌着水的花园水管其实是一样的。冷水从房屋中被向上引流，通到屋顶上的管道内被加热后再流回房屋内，被用于淋浴等。也有更简易的太阳能板被用来给游泳池中的水进行加热。

挑战

玛卡和米拉要去朋友家吃晚餐，因此她们必须先洗个澡，梳洗一番。帮她们将冷水加热一下，让她们不用受冻吧！

（三）空气

1. 空气和风

风给人的感觉会很不一样。夏日温柔的微风，与秋季能将人衣服掀起的大风大不相同。要想了解什么是空气和风，可能有点难。这里有一些活动，可以说清这些现象。第一步是让孩子们意识到空气是在流动的，让他们意识到外面在刮风。通过简单的活动，例如，在树枝上系上布条，或是用天然材料来制作简单的手提袋，孩子们就能看到风了。看到树叶从树上旋转落下，或吹蒲公英时，看到蒲公英的种子飞起，这些都能让孩子们感受到空气和风，并给新的活动带来一些灵感。

轻轻吹动蒲公英的种子

2. 捕捉空气

为了了解空气是什么，我们将尝试捕捉空气，这可是件令孩子们很兴奋的活动。最简单的方法就是用一个塑料袋，将袋口迎着风打开。袋子装满后将其系好。和孩子们一起讨论一下袋子里有什么，然后打开看看吧！

材料：塑料袋，还有绳子或松紧带。

在这儿，孩子们惊讶地发现即使看不见空气，却也可以坐在空气上

技术知识——空气相关的发明

被困住的空气被应用于许多不同的地方，例如，充气床垫、小游泳池、气泡膜、充气城堡、自行车内胎和汽车安全气囊。

---

3. 放风筝

放风筝是很久以前起源自中国的一种古老的娱乐方式。而风筝也是科学家研究多种自然现象的一种工具，尤其是进行气象学（天气知识）相关的研究。风筝的制作也是一项世界范围内历史悠久的活动。但是，与孩子们一起制作风筝是很难的，因为这需要成熟的精细动作和良好的知识积累。为了依旧能够放风筝，且有很多孩子可以帮忙拉风筝的绳子，我们可以使用商店里的普通塑料袋或大的垃圾袋。

这个设计很简单。将绳子绑在袋子的一个手柄上，然后打开袋子，让其迎着风，便于它装满空气。将袋子放开，并紧紧抓住绳子。现在就能感受到空气的运动及其产生的能量了。

装满空气的袋子

材料：塑料袋和长绳。

小贴士

风向旗

在幼儿园外升起一面三角旗，以便从窗口看到它。这样，孩子们在穿衣服外出之前可以先看看它，从而了解外面是否在刮风。

4. 大自然的风动装饰物

要看到风并不总是那么容易的，尤其是在外面只有徐徐微风时。这里有一个方法，能借助大自然中的物体来观察风。

找两根细树枝，将它们交叉成一个十字，并尝试找到中心点。用几根长长的草在树枝相交的地方绕好几圈，固定住这两根树枝。再找些重量较轻的自然物体，将其附着在每根树枝的末端。它们可以轻轻地挂在一端，也可以用草固定住。它可以是羽毛、冬季仍在散播种子的植物、几片长长的树叶，或是几根草。将一根或多根长长的草用作一根绳子，绑在随风摆动的装饰物中央，并将其悬挂在树上。最后看风是如何使其动起来的。

用羽毛和树叶做的风动装饰物

技术知识——风向

风向对人类而言一直很重要。在海运和航空中，掌握关于风向和风力的知识很重要。日常中，掌握这些知识有助于我们知道该如何着装，以及骑自行车上学是否会比较困难。风标和风向袋可以指出风向，而风力等级表显示的则是每秒钟风向前移动了多少米。

5. 降落伞

飞行一直是人类的梦想。要制作翅膀是很困难的，但模仿蒲公英的种子就容易多了。

取一块又薄又轻的布，并在每个角上都绑一根线。从蛋盒中切出一个"蛋杯"。将绳子连接到"蛋杯"的四个角上，并确保绳子长度基本相同。将一个"小乘客"放在"蛋杯"里，从高处放下降落伞。我们也可以直接将降落伞绑在"乘客"身上，例如，绑在乐高做成的小人身上做实验。

材料：鸡蛋盒、绳子和布。

工具：剪刀。

用鸡蛋盒、绳子和布制作成的降落伞

技术知识——降落伞

降落伞的开发是为了使飞行员可以从出现故障的飞机上跳下来。第一次跳伞发生在 18 世纪，当时是从热气球中跳出去的。降落伞要么是半球形，要么是矩形。跳伞运动中，人们通常使用矩形降落伞，因为它们更容易控制。

蒲公英的种子非常适合随风传播。降落伞的作用方式和蒲公英的种子是一样的

三、火

我们十分感激能和孩子们一起研究火。大家都沉醉于扑腾着的火焰，木头发出的噼里啪啦声响，还有散发开的温热。为了能够向孩子们提出以下的问题，并让他们提出假设，我们需要孩子们事先就有与火相关的经验。因此，此项活动最适合在多次外出篝火过之后再进行。

燃烧的木头发出噼噼啪啪的声音

可以给孩子们提的有成效的问题有：

——万物都能燃烧吗？

——燃烧一直都会发出声音吗？

——火焰看起来总是一样的吗？

——能看到火焰中有哪些颜色呢？

让孩子们对哪些物体可燃烧和哪些物体不可燃烧提出自己的假设。收集资料，并检验假设是否正确。

问题举例：

——榛果可燃烧吗？

——干松针和干木棍燃烧起来的火焰看起来一样吗？

——湿木棍可燃吗？

——不一样的物体燃烧的温度一样吗？

——火堆中木头的摆放方式对燃烧有影响吗？

上面的实验结果可能表明榛果是可燃的，而湿木棍就比较难燃烧起来。这可能会引发讨论，并引出新的问题。

（一）燃烧三要素

与孩子们讨论一下燃烧需要的条件是什么。燃烧需要可燃材料、氧气和足够高的温度。这三个条件被称为燃烧三要素。进一步讨论一下如果燃烧三要素中只存在两个，将会发生什么。那还会燃烧吗？是否可以设计一个实验，省略燃烧三要素中的一个要素呢？

理解燃烧三要素所有的部分都是燃烧所必需的条件，也是了解如何灭火的基础。这一知识点亦是我们能安全同火共处的基础。当我们通过洒水来灭火时，就是将热量从燃烧三要素中取走了。当我们不再加木头时，便是除去了可燃材料，这样火就会慢慢熄灭掉。如果某人的衣服着火了，我们把他扑倒在地上并裹上灭火毯，这时我们是通过除去燃烧三要素中的氧气而将火扑灭了。

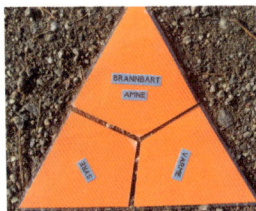

燃烧三要素：热量、可燃材料、氧气

（二）灭火实验

我们可以借助三个金属罐或三个沙坑，进行小范围的灭火实验。在准备阶段，我们可以先在金属罐或沙坑内放入一些干燥的小木棍和报纸。在将三把火全部点燃之前，孩子们必须先思考一下要如何灭火。让每个人都提出建议，并协商出统一的灭火方案，再让每个孩子都对将会发生的结果做出假设。点燃其中一个火堆，并尝试以商定好的方案将火扑灭。结果如何？孩子们的假设正确吗？继续讨论是否还有其他的灭火方案，并根据孩子们给出的新提议进行新的实验。

有成效的问题可以帮助他们了解燃烧三要素的不同部分，也能帮助他们就实验内容提出自己的建议。

——是否有办法能让火冷却下来呢？

——是否有办法能让火熄灭掉呢？

——是否有办法能让火势变小一些呢？

193

能引导出实验的提问：

——如果我们往火上浇水，将会发生什么？

——如果我们在火上放一块布，将会发生什么？

——如果我们用烧烤钳取走一些木棒，将会发生什么？

材料：三个金属罐、干木棍、报纸、布、火柴和水。

工具：烧烤钳。

点燃火堆

烧火时，要在旁边准备好灭火毯

如果衣服开始起火

如果意外发生了，你的衣服烧了起来，这时你应当先躺下，保护好自己的脸，并滚动身体。如果是别人的衣服烧起来了，可以让那个人躺在地上，再将灭火毯或其他可用的毯子裹在他身上。

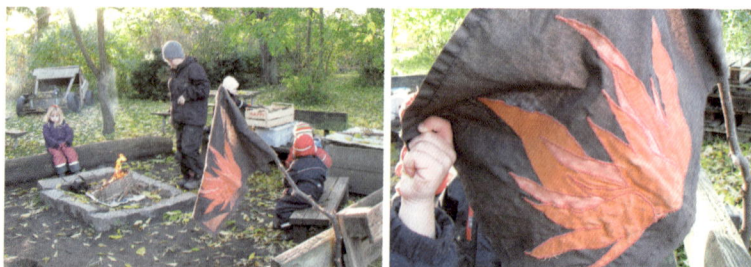

微灯户外幼儿园有 1～6 岁的儿童，他们经常在室外的火堆中烧火。当火燃烧起来时，火之旗就会升起。这是一种简便的标记安全距离的方法。这面旗是用来告诉孩子们切勿在座椅前玩耍的

（三）明火烹饪

1. 汤

让孩子们参与到户外午餐的准备工作中。可以根据幼儿园或配料的名字来给汤命名，例如，如果汤中有很多胡萝卜或咖喱，那就可以命名为太阳汤。开始先点火，将一锅水放在火上；让孩子们选择一种将由他们进行削皮和切块的根菜。当所有人都在帮忙给蔬菜削皮和切块时，水已经在烧着了，之后大家就可以将自己的蔬菜倒入锅中。

材料：煮锅、木头、火柴、刀板、口萨杯、蔬菜、水，可能还需要汤底、调味料，以及为了安全而准备的灭火毯和水。

工具：削皮器、刀和勺子。

在户外煮蔬菜汤

物理学知识——沸腾的水

只要温度适宜，水分子就会紧密地靠在一起。但随着水的温度升高，分子的运动开始加快，最终，它们移动的速度快到互相不再发生接触而转变成了气体。水蒸气是不可见的，但会在水中形成气泡，并且由于其密度低于液态水，所以气泡会向上移动到表面，并释放到空气中。如果在锅上盖上盖子，则会形成水滴。

2. 酵母面包

美味的面包很适合一边喝汤一边吃。试试用毛衣盖住面团，让其发酵，然后感受一下面团是如何变得越来越大的。无论是对于大人还是小孩，这都是一次难忘的体验。

　　在家准备好干燥的原材料，到室外之后再加水。用热水瓶装好热水，以便马上就能用上。

　　将材料倒入塑料袋中。考虑到袋子可能破裂，请多带几个袋子以防万一。将袋子绑好，不用绑紧。将材料混合在一起揉成面团，使其表面光滑可延展，且不再粘在塑料袋上，然后将面团袋放在毛衣里发酵 30 分钟左右。让想要动手的孩子们轮流去尝试发酵面团。

　　面团制作完成后，让所有小朋友将自己的面包摊平，然后放在盘子或烤架上进行烘烤。

　　材料（6 大块面包）：大约 6 分升小麦粉、半袋干酵母、稍稍半分升糖、3 分升 50 摄氏度的水、少量盐。

3. 热水果

　　在寒冷的天气中，在户外吃冰冷的水果会让胃受寒，而在明火上加热过的水果则既美味又温暖。

　　让孩子们将水果切成小块，放在户外烹饪圆盘或长长的烘焙盘中。如果每个孩子都觉得这样会好吃的话，就再撒上肉桂粉。在火上将水果加热，然后放入口萨杯中便于孩子们食用。

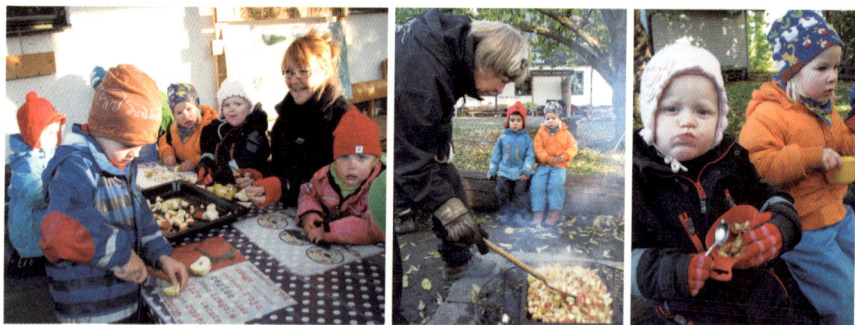

孩子们在帮着切水果、加热水果、享受水果

化学知识——发酵的面包

　　酵母菌是单细胞真菌。这些真菌会"吃掉"面团中的糖，并释放出二氧化碳和水（和酒精）。这个过程会释放能量，因此面团会变热。二氧化碳使面团充满了气体，进而使面团体积变大。

（四）生火场所

每年 10 月至次年 3 月这一期间生火是最安全的。生火时，有多种保护地面的方法。一种方法是用扁平的石头搭成一个平台，并在石头之间填充沙子或土；另一种方法则是往放在地上的三块大石头上放一块盘子，盘子可以使用金属桶盖、桶底、路标或旧的烤箱盘。保护土地很重要的原因当然是不让火蔓延开，尤其是不能让火沿着老化的树根向下蔓延，不然就有可能在没注意到的情况下，在树根下发生焖烧。当人离开后，火势有可能会突然变猛。

用桶底作火盆搭金字塔火堆

1. 不同种类的火堆

根据大家想要火持续时间的长短，或是现有木头的种类，可以生起不同种类的火堆。将 2～3 根木柴相距 5 厘米左右平行放置，第二层的木柴沿垂直于第一层的方向放置，依次放两三层就足够了，这样一个宝塔火堆就搭成了。当木柴尺寸差不多时，以这种方式堆叠最适合。这种火堆燃烧的速度很快。

宝塔火堆

搭建火堆的另一种简单的方法就是搭起金字塔火堆。之所以这样称呼，是因为木头堆放得像金字塔一样。当木材的尺寸略有不同或主要都是些木棍时，就非常适合搭金字塔火堆了。它燃烧得比宝塔火堆慢，并且需要你之后把未燃烧的残木推进火堆里，否则最后就会剩下一圈没有烧起来的木头了。

化学知识——火堆上阳光闪耀

叶片中的叶绿素捕获了太阳的能量，然后通过光合作用使二氧化碳和水转换成了糖（葡萄糖），糖逐渐转化为纤维素，从而形成了木材。当我们燃烧木头时，氧气与木头中的碳元素发生反应，于是，被存储起来的太阳能被转换成了光和热。因此，当我们坐在火炉边时，两颊会感觉暖烘烘的，就像太阳照在我们的脸上。

技术知识——火的控制

将火控制住并安全使用它是人类最大的技术突破之一。从最开始，火就给我们提供了热量，让我们能防范肉食动物的攻击，能烹饪食物，并逐渐能够烧制陶瓷，提取和锻造金属等。

2. 木炭粉笔

所有小朋友都用粉笔画过画，但是有多少人自己做过粉笔呢？在室内先问问孩子们粉笔是什么，它们是由什么制成的，以及它们是如何发挥作用的。最后一个问题是：你可以自己做粉笔吗？下次有篝火时，就可以来制作木炭粉笔了。

操作步骤

从榛树、菩提树、白杨树或其他树上锯下手指一样粗的树枝，长度略短于装木头的罐头的高度。将木块紧密地装在罐中。将罐子笔直向下插进火堆所在的地面 2～3 厘米的深处，在罐子边放好木头，然后烧制一个小时。

如果是在盘子上烧制，则可以用沙子或土壤填充罐子，再往里面塞进木头。然后将罐子竖直放在盘子上，罐子周围放上木头进行燃烧。

冷却后将木炭粉笔拿出，否则它们可能会燃烧起来。罐子先不必扔掉，因为它能被重复使用数次。

当你们回到幼儿园后，可以试试这些粉笔。

材料：罐头、手指一样粗的树枝，可能还需要沙子。

用树枝制作木炭粉笔

小贴士

这里，我们需要向土地所有者申请锯下树枝的许可。

替换方案

用铝箔纸包裹一根长约 10 厘米、直径约为 5 毫米的木棍。在一端开一个很小的孔，然后将其放在火中一刻钟。待其冷却后，将木炭粉笔从铝箔纸中取出。

将新鲜的木棒放在竖直站立的金属罐中，再放到燃烧的火中，时间最长不超过一小时，由此制作成木炭粉笔

挑战

米拉要给玛卡画幅肖像画。她曾经用树枝在沙子上画过，但她现在想在一块木板上绘画，再将画挂起来。帮帮她，让她能用木棒在木头上绘画吧！

化学知识——炭化

很多人都听说过制炭。曾几何时，从铁矿石中提取铁时，常见的热源即是木炭。金属罐的原理和制炭几乎是一样的。木材被加热，但是由于没有氧气，因此不会发生燃烧。换言之，木材中的碳（C）无法与氧气（O_2）发生反应并产生二氧化碳（CO_2）。高温下，甲烷和水蒸气等气体会散发出去，黑炭被留了下来。

物理学知识——热辐射

热辐射由不同波长的辐射组成。有些波长的辐射我们可以看见，而有一些则看不见，例如，红外线。通过反射热辐射，可以将它们集中在一个地方。同散布在各个方向上相比，聚集起来的温度更高一些。

3. 户外反光烤箱

当我们生火时，热量向各个方向辐射出去，但我们是可以阻止或控制住热辐射的。可以做个简单的测试，将我们的手像盾牌一样放在面部前方，就能感觉到热量没有辐射到脸上了。如果我们不想让热量向各方向辐射出去，而是将其引导到我们坐着的塑料上，那么我们可以在火堆后面筑起一堵石墙，这样，石头就会将热辐射朝相反的方向反射回来了。

通过将热流引导到漏斗形的板盒，即所谓的反光烤箱中，我们就可以在户外烘烤食物了，比如，烘烤玛芬蛋糕。在室内先做好准备，将面糊制作完成后倒到塑料瓶里。烤箱可以折叠在一起，便于携带。

材料：反光烤箱、玛芬蛋糕模具和玛芬蛋糕面糊。

使用户外反光烤箱烘烤玛芬蛋糕

小贴士

户外反光烤箱

在有库存的户外用品商店或在网上，比如 www.friluften.se，均可以购买户外反光烤箱。

4. 三脚架

选择一个没有长长的杂草，也没有树枝悬垂下来的地方，将三块大石头放在地面上，然后将路标放在上面，这样火焰产生的热量就不会在地面上留下任何难看的痕迹了。为了能够将锅挂在火的上方，我们可以制作一个三脚架。在三根杆子靠近顶部的地方，用一根绳子将其缠绕起来。然后，将带有钩子的链条绑在绳索上，以便将煮锅悬挂起来。我们甚至还可以借助这个挂钩来控制锅和火之间的距离。将三脚架放在临时火堆上，接着生火，并将煮锅悬挂在那里，然后我们就可以开始食物的烹饪了。

材料：尚未印上图案的路标、石头、杆子、绳子和链条。

回到幼儿园后，孩子们开始搭
建自己的三脚架，并假装他们生起
了火

未印上图案的路标上方，一
个挂着煮锅的三脚架

技术知识——三脚架的绑扎

绑扎是一项古老的技术，直到今天都还非常有用，尤其是在户外活动中。稳定性及足够大的尺寸是绑扎的要点，以免它被拉到离火太近的位置。

方案一

三根约2米长的杆子相互靠在一起：①先从三根杆子中的一根开始绑扎，在距其一端约20厘米处用绳子牢牢绑好；②然后，用绳子紧紧绑住三根杆子，缠绕四圈；③最后，用绳子在杆子绑扎处缠绕起来，将绳子往其中一根杆子方向拉拽，并在杆子上打结固定。

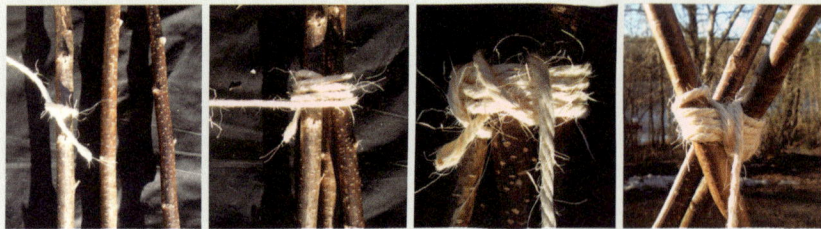

方案二

①两侧的两根杆子朝一个方向平行放置，中间的那根朝另一个方向放置，它们重叠部分长度约为 40 厘米，在距离两边任意一根杆子的一端 20 厘米处绑上绳子；②然后，用绳子在所有三根杆子上下交替缠绕至少六圈，不必绑扎得和方案一中的一样紧；③接着将绳子在三根杆子的绑扎处再缠绕几圈，把绳子绑定在另一侧的杆子上；④之后转动中间的杆子，使其与其他两根杆子处于同一位置上。这样绳子自动拉紧，绑扎也变得很稳定。

如果不够稳定，可以在三脚架安装好后，再多缠绕几圈。

材料：3 根长 2 米、直径约 2 厘米的杆子，及长 2 米、直径约 0.5 厘米的绳子。

5. 野餐炉

野餐炉在外出时很容易随身携带，使用简便。有些野餐炉是用天然气或是工业酒精来加热的。野餐炉能应用于烹饪、油炸和烘烤，因此可以制作出美味的午餐或小吃。

让孩子们参与到野餐炉的组装工作中来，以便于他们了解野餐炉的不同组成部分，与家用炉子的工作原理和使用方法进行对比。

野餐炉

和孩子们附近有明火时一样，野餐炉的操作规则也很重要。在野餐炉四周放一串木棍，标记出当野餐炉有火时，儿童应当与之保持的适宜的安全距离。

挑战 1

玛卡和米拉要煮茶。她们将要生火了，但却没有能将锅挂在火上的东西。帮她们搭建一个高度同四根食指长度一样的三脚架吧！

挑战 2

玛卡和米拉想给所有孩子煮茶喝，但是三脚架和煮锅都太小了。制作一个高度为玛卡和米拉身高十倍的三脚架吧！

挑战 3

小精灵想邀请所有的孩子们去树林里喝汤，但是她们意识到自己体积很小，而孩子们吃得又很多。于是她们决定举办一个以汤为主题的聚餐。用野餐炉做些汤，并带去参加小精灵的聚餐吧！

化学知识——酒精和天然气

工业酒精中的乙醇和天然气均由微生物制成，如酵母菌。这是通过植物的分解而实现的。野餐炉燃烧时，天然气和酒精中的化学能转化为光和热。能量最初则来自植物通过光合作用存储起来的太阳能。

技术知识——天然气的利与弊

天然气包装起来更轻，且没什么煤灰。它也更安全，因为它不像酒精（装酒精的容器晃动一下，酒精就会洒出来了）。它的缺点是气瓶无法被装满，且它是化石燃料，另外在零下摄氏度时，如果未预热气瓶，里面的天然气无法被使用。

四、简单机械

本节涉及的许多概念，对教育者和孩子而言可能都有些陌生。应在多大程度上使用诸如简单机械之类的概念，我们交由每位教育者自行评估。本节中活动的目的是让孩子们体验不同的简单机械、技术解决方案和物理现象。他们还将面临一些挑战，让他们能发挥想象力和创造力，将简单机械的使用作为解决方案的一部分。体验是最重要的，我们顺带还可以进行一些解释说明。

所有的简单机械（从左至右）：自行车轮（轮子）、轮椅坡道（斜面）、铁撬棍（杠杆）、斧头（楔子）和堆肥螺钉（螺旋）

（一）简单机械

与没有机械的情况相比，使用简单机械可以让我们出更少的力来完成工作。使用机械的缺点则是路径变得更长了，尤其是说到斜面时，这一点就更加明显了。经过婴儿车坡道或轮椅坡道向上移动时，我们不需要像上楼梯那样费力，但是，移动距离变长了。在许多情况下，一个简单机械对于我们是否能完成任务至关重要。被称为"五强"的简单机械为：斜面、螺旋、楔子、轮子、杠杆。

　　机械是可以执行工作的结构。一个机械可以由几个简单机械组成。例如，一台缝纫机同时包含杠杆、楔子和轮子。斧头由杠杆上的楔子组成，而握住斧头的人可以看作是发动机。机械需要能量才能运行。

> **物理学知识——机械黄金定律[1]**
>
> 　　力学研究的是物质的机械运动规律，是物理学的一部分，与运动和动力有关。机械黄金定律写着：利用任何机械做功时，动力对机械所做的功，等于机械克服所有阻力所做的功。使用任何机械都不能省功。而功等于力和物体在这个力的方向上移动的距离的乘积。这意味着，为了在一项工作中能使用越少的力，"路"就必须越长。最清楚的例子就是斜面了。

（二）斜面

　　斜面是一种简单机械，可以在日常生活中为我们提供帮助。当你拿着两个沉重的袋子走上一条弯曲的小路时，小路实际上就是一个简单机械，即斜面。想象一下，直接沿着斜坡这条较短的路线走，腿和手臂的感觉如何？你能轻松走到坡顶吗？跟那条弯曲的小路相比，直接走斜坡需要你用更多的腿部和手臂的力量。但如果你不想走弯曲的小路而想从最短的路径爬上坡顶，那该怎么办呢？思考一下，继续往下读吧！

斜面

---

1. 译者注：机械黄金定律的瑞典语直译成中文为"人们省下的力在路上遗失掉了"。为了符合中文对机械黄金定律的定义，译者在这里按照中文的定义，增加了部分解释说明的内容，使前后的内容读起来更加符合逻辑。

替换方案是分开来使劲，先拿起一个袋子，走上坡顶后放下袋子，再走回来，拿起另一个袋子。再次拿起两个袋子时，你可能会意识到，这个方法和那条弯曲的长路起的作用是一样的。当你将物体的重量分成两半，分两次走时，你省力了，但路更长了。而走弯路是一样的，两个袋子的重量分布在更长的距离上，你省力了（也就是你走得动），但路变长了。

这里，孩子们放置了两块平板当作斜面

孩子们自己装满了两个食品垃圾袋。他们先试着边走边两手各拿一个垃圾袋，但很快意识到这很难。有人提出了一条建议，于是改成两人各拿一个袋子。于是事情变得更容易了，他们还能在上坡的过程中聊聊天。这个练习可以以许多不同的方式来展开

1. 上下坡

跟着约翰玩游戏，像毛毛虫一样径直沿着山坡向上走，再往下走。然后像蛇一样蜿蜒上坡，再下坡。

拓展

将孩子们聚集在陡峭的山坡下，比如，幼儿园院子里滑雪橇的小山坡。这得是一个大斜坡。问问他们是否认为自己可以沿着斜坡向上走。让他们尝试一下，然后问问他们觉得向上走的难度如何。接着将木棍放在山坡上，做成一条宽约 3 米、两木棍之间的高度为 1 米的回旋轨道。问问孩子是否知道回旋是什么。也许有人知道通常往下滑雪时会经过回旋轨道。告诉孩子们他们可以在轨道上向上走或跑上去。让他们先说说和径直向上走相比，在回旋轨道上走，他们觉得腿会更累还是更轻松。试验后聚集起所有人，让大家思考哪条路让腿更累。让他们也分别径直从山坡上走下来，以及从回旋轨道上走下来。在哪条路上能走得更快？

材料：木棍。

在回旋轨道上走，尽管他们实际走的路更长了，但他们的双腿有了更多的活力，这让孩子们吃惊极了

挑战 1

玛卡和米拉将与其他小精灵在山上举办一个聚会，为了在傍晚之前将所有东西搬到山上，她们必须有你们的帮助才行。如果你们特别厉害，搬完东

西身上还没有被汗水浸透，也没有弄脏身子的话，那你们也可以参加她们的聚会哦！

挑战 2

小精灵要把一块沉重的石头搬到沙子国去。可是沙箱的边缘太陡，所以她们无法抬起石头。帮她们解决这个麻烦的问题吧！

> **技术知识——斜面**
>
> 斜面被应用于将人和物运输到更高的位置上，例如，蜿蜒的山路、楼梯、轮椅坡道和婴儿车坡道。

2. 建造金字塔

埃及人建造金字塔时，他们必须建造大型的砾石坡道，才能将那么多几吨重的巨石往上推。他们将石头放在雪橇上，沿着略微倾斜的长坡道向上拉，这个长坡道发挥的正是斜面的作用。路变长了，但需要的力也变小了。

3. 坡道

在这项活动中，对于孩子们面临着的挑战（即 207 页的挑战 1 和 208 页的挑战 2），斜面或许能解决一部分问题。挑战可以从小范围开始，这能让孩子们为最终全面解决问题做好充分的准备。使用大石块可能既困难又有些冒险，我们可以让一些孩子坐在一个大纸箱中，以避免压伤事故的发生。

孩子们深受启发，开始将石头四处移动。之后，孩子们开始思考起来，他们觉得应该将大木棍和小朋友一起四处移动试试

（三）螺旋

螺旋通常被描述为可移动的螺旋扭斜面。想起来可能有些复杂，也有些奇怪，但实际上并非如此。拿螺旋楼梯举例，它虽然很长，但和笔直向上爬楼梯相比，走螺旋楼梯却没那么费劲。螺丝钉也是如此，将钉子钉入木板需要很大的力。要么用锤子，要么借助杠杆作用将钉子笔直钉进去。如果改用一个可以转动很多圈的螺丝钉，这就意味着钉入木板变成了一条漫长的道路，而一路需要的力也变小了。了解螺旋最好的方法就是在不同的环境中去使用它。

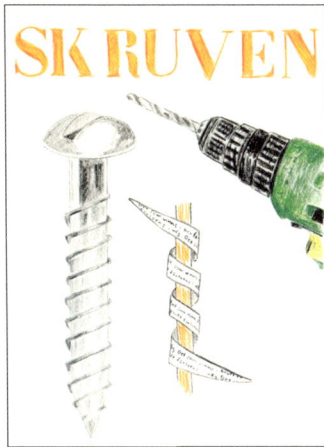

螺旋

堆肥螺钉很容易向下钻，给堆肥充氧。与用铲子来松动堆肥相比，用堆肥螺钉挖洞对我们的背部来说更温和些

用冰钻给冰面钻洞就是体验螺旋的一种方式

小贴士

手钻

所谓的手钻在不同的环境下都能很好地发挥作用。它们能挑战精细的动作，并能让我们清晰地体验一把螺旋。可以在库存充足的工具商店或网站 www.hyvlar.se/borr 上购买它们。

手钻

用螺丝固定起来的窝

在这个建筑工程中，孩子们既要拧螺丝，又要钻洞。他们使用了一个老式手摇钻和一个现代的电动钻。钻孔和拧螺丝是体验螺旋的好机会。老式手摇钻还配备了另一个简单机械——杠杆，以便于钻孔。

材料：木板、木段、芦苇秆、螺丝、养鸡围网和颜料。

工具：锯、电动钻、手摇钻、尺子和刷子。

制作瘿蜂窝（一）

照片来源：布雷道尔幼儿园

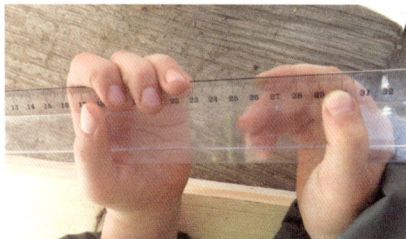

测量

锯木头

钻孔

钻孔

拧螺丝

组装

用芦苇秆和钻了孔的木头装饰一下

刷颜色，最后再将防护用的养鸡围网固定上去

完成的结果。然后将瘿蜂窝放在幼儿园内朝南的墙边

制作瘿蜂窝（二）

照片来源：万斯塔幼儿园

通过在厚木板上钻许多大小不同的孔，可以制作出非常简单的瘿蜂窝。然后将瘿蜂窝挂在朝南的位置

制作瘿蜂窝的另一种方法是割下约 3 厘米长的芦苇秆，将它们捆在一起，并挂在朝南的墙边

之后在温暖的日子里去看一看，还有机会发现里面有访客呢。不然，塞住了的洞口也能显示出瘿蜂已来过这儿，并在这里产过卵

反思

这个对话是当所有孩子们聚集在一起看图片时发生的。

"你们建了个什么呀？"

"一个瘿蜂窝。"

"瘿蜂是什么呀？"

"一种昆虫！"

"跟蜜蜂和黄蜂很像，是种能飞的昆虫。"

"你们是怎么搭瘿蜂窝的呢？"

"我们锯了些木板。是洛塔帮了我，我才能锯下木板的。开始的时候，她一点点在厚木板上标记好了要锯的地方。"

"我们还在木板上钻了孔，当作昆虫们冬眠的窝。"

"你们怎么知道要怎么做的呢？"

"我们是根据一张图片……"

"哦，对了，图纸！"

"然后，我们就把房子搭建起来了。"

"这是瘿蜂之家呢！"

（四）楔子

楔子由一个尖的侧面和一个钝的侧面（及两个斜面）组成。垂直作用在楔子较钝的侧面上的力将转化为对物体水平方向作用的力。如果使用足够大的力，那么使用较钝的楔块可以更快地将物体劈开。细长而锋利的楔块不需要同样大的力，但需要更长的时间（需多砍几次）。楔子可以用来切割东西，例如，用斧头砍木头，用刀切洋葱或用凿子雕刻石头。门挡也是一个楔子。

楔子

1. 体验不同的楔子

在日常生活中，很多地方都有楔子。刀和斧头就是两种常见的楔子。学龄前儿童不能使用斧头，但可以使用凿子或金属楔子，配合锤子进行敲打。通常五岁左右的儿童才能开始用刀，而刀具必须配备护手刀挡。所有孩子都能吃苹果，而这时他们的牙齿也是楔子的一种。

用楔子可以劈柴，而牙齿咬苹果时，牙齿也属于楔子

借助冰钉在冰上行走是体验楔子的一种方法，我们可以很明显感觉到人体与冰面之间的摩擦力很小

冰钉的尖端是楔形的，避免在冰地里打转

（1）牢牢楔住

楔子可用于保持稳定性，例如，将一根标杆插入地里时便会用到楔子。用斧头或刀将杆子削尖，使其变得更加贴近楔形，而这两个工具本身也都是楔子。一旦将杆子固定到位，可能需要在杆子旁边放置一些楔形物，以使其更稳定，避免摆动。一根高高的杆子可能需要额外的支撑。我们可以将绳索固定在杆子的顶部，而在另一端将楔形物按压到地里，并将绳子绑定到楔形物上。

楔子可以保持插入地上标杆的稳定性

材料：木棍、刀和绳子。

挑战 1

小精灵决定要在一根旗杆上挂起一面旗，以便墨丁能够找到她们，并感觉到自己是受欢迎的。帮小精灵竖起一根和一个五岁的小朋友一样高的旗杆吧！

挑战 2

一场风暴正逼近小精灵居住的沙子国。帮她们把旗杆加固一下，以免被风吹倒吧！

技术知识——帐篷

搭帐篷时，需要绳子和帐篷的支柱。插入地里的帐篷支柱通常是楔形的。

用刀安全检查清单：

——使用带有护手刀挡的刀；

——每个孩子周围都有足够的空间；

——双腿分开坐着，以防削到腿；

——从顶部开始向下削；

——永远不要手拿着刀到处走；

——刀具不用时，需插进刀套里；

——有些情况下，最好要将刀片的尖头磨平或折断，避免刺伤人；

——最小的小朋友可以用削皮器来代替刀。

（2）冰楔制作的冰桥

在零度以下时，借助能快速冻结起来的楔形冰块，孩子们就可以获取许多的搭建积木，并在户外活动中使用了。而积雪与水则能混合成上好的砂浆。起初，我们的任务是搭建一座桥，但随着搭建活动的继续，之后或许还会出现一个小精灵可以居住在内的完整的微缩景观呢。

材料：楔形冰块的模具。

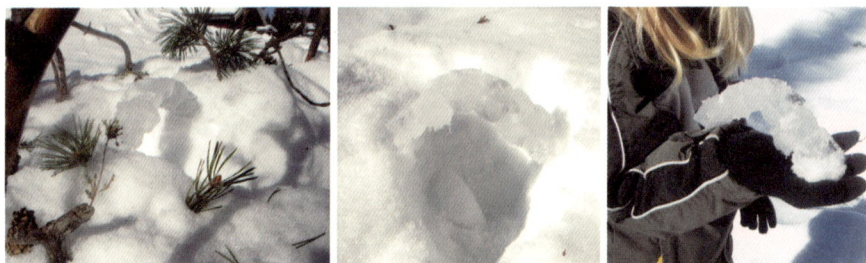

这座桥便是由楔形冰块制作而成的

之后，我们在冰桥周围着手搭建起了一个完整的景观，但这并非是最开始就有的想法。请注意看这只坐在巢中的食肉鸟（地衣为窝，松果为食肉鸟的身子，而松树皮就是鸟的翅膀了）

挑战

用冰块搭建一座桥，让小精灵可以越过大峭壁吧！

技术知识——拱顶

真正的拱顶是由楔形石头组成的半圆形结构，拱顶通过石头的重量相互挤压结合在一起。现代的一些拱顶，看起来相似，但并非是根据相同原理建造而成的。

（五）轮子

轮子被认为是最古老的发明之一，而转盘通常被看作是第一个可用的轮子。轮子最大的优点是减小了摩擦力。当将轮子应用到车辆上时，在平坦且光滑的地面上，其应用效果是最佳的。因此，一直到铁路被发明之后，轮子才得到了最大限度的利用，而在光滑的沥青路面上，轮子的利用价值得到了进一步的提高。在不同的机器中还可以使用不同尺寸的轮子，以齿轮的形式将动力从一个轮子传递到另一个轮子。

1. 体验轮子

一种简单的体验轮子优点的方法就是将带轮子和不带轮子的设计进行对比。给孩子们一个任务，让成年人坐在厚木板、薄木板或木栈板（货运托盘）上，然后去推动这个成年人，这大概能让孩子们开动脑筋思考出不同的解决方案和设计结构。

轮子

躺在圆柱筒里能让孩子从内部体验轮子

追着从山上向下滚动的圆柱筒，是体验轮子移动时摩擦力几乎为零的一种方式

骑三轮车来体验轮子

在小小的年纪就能将两个朋友拉动起来，是体验轮子带来的便利的一种方法

挑战

小精灵在树林里的一条小路上发现了一个人。这人采了些蘑菇，现在正坐在那儿睡觉呢。问题是她坐在路上，挡住了即将要来拜访小精灵的墨丁的路了。帮她们解决掉问题，把坐在那儿睡觉的人移开吧！

2. 重新发明轮子

将孩子们聚在一起，问问他们轮子是什么。告诉他们轮子是一个很古老的发明，是在一个遥远的国家被发明出来的，那时瑞典人仍生活在石器时代。让孩子们寻找可用作轮子的物体，然后将孩子们找到的所有物体收集起来，并问问他们完成任务需要些什么工具，最后一起制作一个可以滚动的物体。

（1）圆圆的轮子，更大的挑战

如果我们将树枝或树干锯成薄片，就会得到和轮子一样的所谓的木轮了。借助这些木轮，我们可以制造出不同的车辆。在实践中，孩子们将有机会体验到不同的工具和简单机械。

材料：粗树枝、棍棒或圆木棒、钉子和电线固定器。

工具：锯子、锤子、电动钻或是其他的钻孔工具。

我们使用钻孔器械和钻头在木轮上打了孔。然后，我们进行了三种不同的设计，将车轮固定在一块木头上

每个车轮上都穿过孔钉着一枚钉子，我们最终做成了一辆格外瘦长的车

固定在两个车轮上的直木棒变成了一个轮轴，然后用弯曲的钉子将其固定在木板上。轮轴转动比较困难，所以我们对结果并不十分满意

最后，我们把一根很细的木杆固定在一个轮子上。我们先在一块小一些的木板上钻孔，插入木杆，然后将另一个轮子安装上。在数周的制作中，这次是滚动起来最好的一个设计了

带有电缆夹的另一个设计，另请参见第 167 页"水轮"部分
的活动内容

技术知识——最古老的轮子

始于南欧，直至伊拉克的美索不达米亚的考古发现表明，在公元前 3500 到 3000 年，轮子就已被使用了。现如今瑞典的这片区域在当时还处于新石器时代。

物理学知识——轮子和摩擦

使用车轮的主要目的是减小摩擦力，但使车轮能够滚动起来的也是摩擦力。如果车轮与地面之间没有摩擦，那么车轮就会滑动。因此，我们要让车轮尽可能绕轮轴旋转。如果轮轴上的摩擦大于车轮与地面之间的摩擦，车轮将停止旋转。测试可以通过在冰面上行驶三轮车来进行。

挑战 1

玛卡和米拉想去海边游泳，但走过去太远了。她们有三个轮子，并坚信可以用它们制作出一辆车，但是她们真的不知道该怎么做。帮她们制作一辆三轮车吧！

挑战 2

小精灵要将一块大石头搬到墨丁那儿。她们设法找到了四个轮子。帮她们制作一辆车，以便能够将石头运上路吧！

挑战 3

小精灵要将躺在路上的一块大石头移走。不幸的是她们只找到了一个轮子。你能帮助她们建造一个带一个轮子的工具，便于她们把大石头移走吗？

（2）滑轮组

滑轮组通常被算作是第六类简单机械，但是我们选择将它归类到"轮子"小节内，是因为滑轮组是多轮结构的。带有绳子和滑轮块的整个结构被称为滑轮。轮子的作用是让绳索受到的摩擦力最小化，从而使其能尽可能轻松地运行，而且也能让力的方向发生改变。滑轮被应用于提升重物。随着绳索在几个轮子之间被拉动，绳索的长度增加，而拉动绳索所需的力减小。

如果滑轮只有 1 个轮子（如下图 1），那么我们就无法省力，也不用拉动更长的距离。这意味着如果将绳索拉出 2 厘米，则物体将被提高 2 厘米。这样就只能举起比自己体重轻的物体了。滑轮有 2 个轮子（如下图 2）时，可以用一半的力将物体提起，但必须将绳索拉动 2 倍的距离。滑轮有 3 个轮子（如下图 3）时，意味着只需 1/3 的力，同时必须将绳索拉动 3 倍的距离。用 4 个轮子（如下图 4）时，将 100 千克的袋子抬起，感觉就只有 25 千克重，但同时必须将绳索拉动 4 倍的距离。

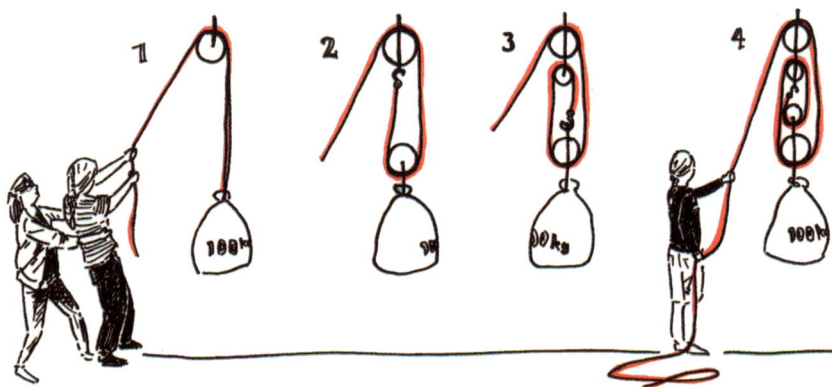

A. 水桶和绳子制作而成的滑轮

可以制作一个类似于滑轮的简单结构。一方面，这个结构不包含轮子，并且因为摩擦力增大了，使用的力也变得不那么明确。但另一方面，它仅需要一个水桶和一根绳子。我们用沙子将水桶装满，并将绳子绑在水桶的手柄上。孩子们得自己想办法将绳子挂到秋千上。由于绳子很细，因此用手提起水桶时会感到特别沉。桶向上拉起的距离和绳子向下拉的距离相等。对于年幼的孩子来说，这样做可能就足以让他们体验到力是如何改变方向的了。

然后，我们将绳子穿过水桶的"环"，再将绳子抛到秋千架上。现在就更容易拉动绳子了，但我们得将绳子拉至 2 倍距离（与上图 2 相对照）。我们省掉的小部分力随着绳子和秋千架之间，以及绳子和水桶把手之间的摩擦力而消耗掉了。但借助轮子，我们还是更省力了。

材料：（滑动性能好的）尼龙绳、水桶和沙子。

借助水桶、绳子和秋千架，可以轻松制作出类似于滑轮组的结构

技术知识——力的方向

通过将绳子放在秋千架的顶部，力的方向发生改变。将绳子向下拉，水桶向上升起。这种改变力的方向的方式通常被应用于机械中，例如，借助齿轮来改变力的方向。

B. 绳子和圆杆制作而成的滑轮

搭建出滑轮结构的一种不需要特殊设备的方法是使用绳子和圆杆。可以将木制的扫帚柄作为圆杆，不过耙子金属轴的效果更好。我们可以让绳子在两根圆杆之间，或在一根圆杆和一根立柱之间缠绕起来（我们甚至还能使用一棵树皮光滑的小树，但要确保树皮不会被损坏）。如果绳子仅绕着杆子一圈，力将没有明显差别；而随着圈数的增加，很明显拉绳的人会变得更轻松。而这种结构的问题在于，当绳子在木质表面上滑动时，和几乎无摩擦力的轮子相比，前者会产生摩擦力。圈数越大，摩擦力也就越大，因此绳子缠绕的圈数也是有极限的。

　　材料：绳子和圆杆。

　　虽然拉动的绳子长度增加了，但拉绳子也变得更轻松了。有了这个设计结构，孩子们可能变得比大人更有力了呢

　　使用两根圆杆，一个孩子握住其中一根，另一个孩子握住另一根。在他们试图将两根圆杆拉开时，第三个孩子则拉动绳子，努力将它们拉到一起

C. 体验滑轮

　　为了体验几乎没有摩擦力的带轮子的滑轮组，我们需要教具公司提供现成的滑轮组。在此实验中，我们将把两个水桶悬挂起来，每个桶中都装有1千克的沙子。因此，二者重量相等。首先，孩子们尝试了用右边那个只有一个轮子的轮滑提起沙子。很明显，只要将绳子向下拉，水桶就会升起。这时，借助轮子的作用，绳子被向下拉时水桶向上升，孩子们从中体验到了力的方向是如何发生变化的。

　　当他们试验左边这个两组分别由三个轮子组成的滑轮组时，孩子们瞬间发出了感叹："这个好轻！""上升得好慢呀！"

当他们同时握着两根绳子时，感受到的区别变得格外明显。

材料：从教具公司购买的现成的滑轮组、绳子、水桶和沙子。

滑轮组在儿童的日常生活中并不常见，
但使用它们则是一个有趣的体验，而且也明
显体现了省力但距离延长了的原理

技术知识——滑轮组

过去，人们使用滑轮组，在不同的情况下将重物举起来。现在，原始的滑轮组通常还应用于帆船中，用来将固定船帆的横杆收回来。滑轮组还被开发做成了起重设备，如现今存在着各种带电缆或链条的滑轮组，以及带杠杆的起重机。

（六）杠杆

杠杆是一种给一端施力，另一端就会进行工作的细长的物体。距离越长（也就是说杠杆越长），我们获得的力就越大。在两端之间有一个点被称为支点。杠杆分为单臂杠杆和双臂杠杆。单臂杠杆的例子包括胡桃夹、独轮推车和镊子。它们的支点位于一端，而施加的力与要执行工作的位置位于支点的同一侧。因此，夹胡桃时，手握住的位置与胡桃裂开的地方均在支点的同一侧。跷跷板和剪刀则属于双臂杠杆，在施力的一端和执行工作的另一端之间有一个支点。用手在剪刀的一端施加力，绳子

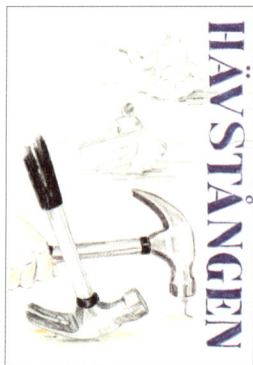

杠杆

则在剪刀的连接在一起的位置的另一端被剪断。

1. 不可思议的升举

用一把铁锹或坚固的棍棒可以撬起重物，或者至少可以让重物发生位移。体验一下这种不可思议的升举，我们可以清晰感受到杠杆的工作原理，以及人们是如何真正省力的。让孩子们尝试使用杠杆举起其他重物。可以小规模地从小精灵面临的挑战开始进行试验。

材料：重物和坚固的棍棒。

将一根棍子放在一块大石头下面，我们可以向上施加力来将它移开。这时，棍子发挥了单臂杠杆的作用

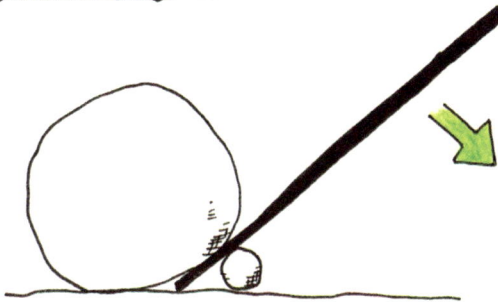

如果我们在棍子下面放一个支撑物，如一块石头或一块木板，这样我们就可以向下施加力并移动大石头了。这时，棍子变成了双臂杠杆

挑战

小精灵遇到了麻烦。路上出现了一块大石头，但她们无法将它移开。你们能给她们展示一下该如何将石头移到路边去吗？

2. 锤头钉钉

体验杠杆重要性的一种方法就是缩短力臂。让孩子们用手握着靠近锤头的位置，试着钉钉子。然后尝试握住离锤头稍远的手柄处，使力臂变得更长，再试试钉钉子。

　　材料：钉子。

　　工具：锤子。

　　与将手放在手柄上时相比，将手放在锤头旁边时敲打产生的力更小。但与此同时，对于儿童来说，远离锤头位置握住手柄可能会更加困难，因为那样更难握住锤子，而且也更难击中钉子

物理学知识——杠杆和力臂

　　力臂是杠杆上施加力的点与进行工作的点之间的间隔。对锤子而言，力臂的长度通常是锤头和手之间的距离。取决于锤子的使用方式，握着锤子的手臂也是可以增加力臂的长度的。

3. 门

　　幼儿园院子的门也是一个杠杆。将缝纫线绑在离门的折叶 2 厘米处。让孩子们猜猜将会发生的结果，然后再尝试通过拉线来把门打开。接着在门的另一端绑上一根缝纫线，然后让孩子们再次提出假设之后再重新做实验。我们可能需要使用手套，以防缝纫线把手割破了。

　　材料：缝纫线。

照片来源：布雷道尔幼儿园

就两项实验中将会出现的结果，孩子们提出了相同的假设。无论将绳子绑在哪里，门都会被往内拉。但他们注意到，第一次实验时很难将门向内拉动。"弄疼我的手了！"有小朋友大声呼叫道。"我全身都在用力拉门呢！"另一个说。根据孩子们的说法，在第二次实验中，拉门可是"非常容易"了

4. 跷跷板

将孩子们聚集到跷跷板旁边。让两个孩子分别坐在跷跷板的两侧。问孩子们木板为何会发生倾斜。他们可能会回答，其中一个小朋友比另一个更重。询问他们应该怎么做才能达到平衡，也就是说，我们应该怎样做才能使木板保持水平而不发生倾斜呢。接着，让两个小朋友坐在一侧，另一侧坐着另外一个小朋友。再次询问孩子们现在是否有办法达到平衡。当他们发现这两个人得往木板中间移动时，他们也就发现了所谓的杠杆效应了。

材料：长木板。

一个向前，一个向后

这项活动引起了孩子们极大的好奇心，也让他们想出了许多主意。他们测试了多种方法来用自己的体重做实验。想到他们的谈话内容，感觉他们中有些人已经在理论上理解了达到平衡所需的条件了，但实践起来却要困难得多。

技术知识——跷跷板

跷跷板是一个双臂杠杆。这意味着固定在木板中间的支点位于施力和执行工作的两点之间。两个体重相同的孩子由于重力作用而产生的向下压的力相同，但由于杠杆作用（力矩），他们可能会因坐在板上的位置不同而产生不同的效果。若其中一个小朋友坐在越靠近板末端的位置上，那么其力矩也越大。也就是说，在这种情况下，这个小朋友对面就可以坐着体重更重的小朋友了。如果一个孩子更重，那么他的重力会更大，但如果他在板上向内移动，这样到中间的距离就会变小，而力的作用也会减小，因此这两个孩子可以"等重"。

（七）挖洞的人

在挖洞的过程中，我们能够体验到多种简单机械。

挖洞来植树或建池塘是一个充满挑战的经历。洞里有一块大石头，实在太重了，抬不起来。我们必须使用四种简单机械才能将其成功挖出。

楔子：铁锹和铁扦差不多都是楔形的，这使得它们更容易向下穿过土壤、沙子和砾石。

杠杆：铁锹和铁扦都有长柄，可以更好地发挥杠杆作用。当我们开始用铁扦移动石头时，它发挥了单臂杠杆的功能；当我们将较小的石头放在铁扦下面支撑时，我们获得了所谓的双臂杠杆，使得提起石头的工作变得更加轻松了。

斜面：要把石头从洞中弄出，我们不得不用土和沙子建造一块斜面。

轮子：我们很幸运，因为石头的形状很圆，因此将它从洞里滚到地面上就轻松多了。这样我们就避免了大部分原本会阻碍我们将石头移动到地面上的摩擦力。

除了体验到了多种简单机械之外，这些活动的优点还在于它们需要孩子们进行组织和合作

独轮推车也是简单机械的一个例子——轮子和单臂杠杆

五、 幼儿园院子中的技术与物理

　　如果想将幼儿园的院子利用得当，那就可以把它用作儿童学习的场所。仅仅通过其构造和内容布置，一个良好的室外空间就能摇身一变成为一个学习环境。在室外，孩子们可以在新的环境中应用学过的知识，体验和发现新鲜的事物。回到室内之后，可以再用不同的方式去处理户外的体验和发现。在室外的学习过程中，教育者是孩子们的共同探索者、对话伙伴和向导。

　　如果孩子们要在同一个室外空间度过数年的时间，那么室外环境必须得有挑战性，而且教育工作者们应邀请孩子们参与一些有趣的挑战活动。

（一）滑行实验

孩子们每天玩耍时都会体验到摩擦力，比如，他们探索冰冻的水池时，在光滑的木板上行走时，还有滑雪橇和滑滑梯时。在儿童的日常生活中使用摩擦力一词，有助于增进他们对这一概念的理解。

我们可以在一个实验中，通过比赛来测试不同的摩擦力。实验可以在滑梯上或在不同的斜面上进行。在滑梯上的话，可以使用不同的物体来比赛。为了使实验合理公平，实验物体应具有相同的重量、大小和形状，以使物体表面作为唯一的测试对象。让孩子们提出他们的假设，说说他们认为哪个物体将会赢得比赛，即摩擦最小的物体是哪个。证明与假设一样重要。

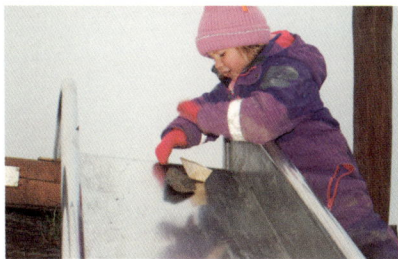

光滑的表面摩擦力更小

我们也可以在不同的平板上使用相似的物体，但是平板必须保持相同的斜度。　在给定的信号下，每个人都将自己的东西放在自己的平板上。讨论一下结果，并一起表决下一个要做的实验内容。是否可以用某种方法来减小摩擦力，使物体滑动得更快呢？

材料：不同的平板（比如，刨花板、塑料板、床垫、纸板、泡沫塑料板）及不同的物体。

小贴士

活动卡片

在 www.outdoorteaching.com 网站上有活动卡片，上面有传统游戏设施相关的挑战活动和信息介绍可供下载。在父母和孩子一起进行活动的户外日，就可以使用到这些卡片。

我们借助水来减小滑梯上的摩擦力

冰冻在玻璃罐内的冰块顺着斜坡向下滑

裸露的地面和雪地的摩擦力有何不同呢？可能需要一个伙伴一起，才能将滑雪垫从滑雪橇的斜坡上往下拉

（二）落体研究

我们都遇到过孩子将物体丢到地上的情况。当我们将物体捡起时，孩子肯定会立马重新尝试将东西丢到地上。也许他会尝试去丢别的物体，就这样你丢我捡，直到我们累得捡不动了为止。但愿孩子们在长期不断的实验中能发现宇宙中的自然力之一——引力。

随着孩子们的成长，他们对引力概念的理解可能会在幼儿园院子中受到挑战。所有物体下落的速度一样快吗？让大家都猜一猜他们觉得会发生的情况，然后从高空抛出不同的物体。可以让一个孩子站在爬梯上，同时释放两个物体，而另一个孩子则站在地面上观察。如果他们觉得很难看到哪个物体先落地，可以让他们在物体撞击地面时仔细聆听声音。他们听到了两种不同的声音，还是只听到了一种呢？

哪个物体先落地

拓展

我们可以随意调整变量来将研究继续下去。尝试将一张纸和一个球一起释放。如果将纸张揉皱再做试验，结果会有什么区别吗？我们还可以使用降低物体下降速度的设计进一步进行实验，而降低速度的方法包括用咖啡过滤器或杯形蛋糕模具来制作成降落伞等。

如果有人拿着装满水的杯子从爬梯上跳下来，会发生什么呢？

材料：不同的物体。

物理学知识——地球引力

地球引力也被称为地球的吸引力。地球引力将一切都拉向地球中心。人们无法确切地知道引力是如何发生的，只知道不同的物体间会相互吸引。如果所有物体仅受到地球的吸引力的影响，它们的下落速度将是一样快的。这被称为自由落体。但在地球表面，下落的物体也会受到空气阻力的影响。当下落的物体与空气分子碰撞时，就会产生空气阻力。

（三）平衡感

当孩子们不再爬行而试图站起来并站稳时，他们看起来是东倒西歪的。有时他们会过于朝某个方向倾斜而摔倒在地上，但他们很快就又找到了平衡，并能稳稳地站住，最后甚至可以开始走起路来。在这个过程中，他们体验到了平衡和重心这两个概念的含义。

大一点的孩子可以通过在木头或类似物体上行走来挑战一下自己的平衡感。让他们试验一下在跌倒之前可以最大限度地向侧面倾斜多少。他们通常会不由自主地伸出手臂来寻找平衡。在移动的过程中，他们的重心也随之移动。让孩子们解释一下当他们找到平衡，或失去平衡而从木头上跌落时，是怎么一回事。

在圆木上保持平衡

物理学知识——重心

重力会影响物体的各个部分。重力对物体所有部分的影响总和集中在某个点上，该点被称为重心。对于形状简单的物体，重心很容易被找到。例如，一块笔直的木板，重心就在木板的中央位置。走平衡木时，人体的重心必须在木头的上方，才能避免身体从平衡木上跌落。

（四）荡秋千

荡秋千是体验重心、速度和力的好方法。让孩子们相互说说他们坐在或站在秋千上时是如何获得动力的。让他们闭上眼睛，感受摆动的感觉，感受一下最重和最轻的位置分别在哪儿，速度最快和最慢的位置又分别在哪儿。

拓展

研究秋千来回摆动需要多长时间。摆动的速度可能更快或更慢吗？如果人坐在或是站在秋千上，会有所不同吗？秋千上的人数或是向上荡起的高度，对来回摆动的时间有影响吗？秋千的链条长度对结果有影响吗？如果一个秋千装置处有不止一个秋千，则可以通过"荡起双胞胎"[1] 来完成这些研究，而无需花费过多时间。如果秋千上两个人一个站着一个坐着，是否有可能荡起秋千呢？

物理学知识——周期、加速度

钟摆和摆动时间（周期）

秋千就像钟摆。钟摆的摆动时间，即来回摆动所需的时间，与钟摆的质量和大小无关。钟摆（秋千）的摆动时间仅取决于钟摆的长度。因此，站在秋千上的人是很难同一个坐着的人一起荡秋千的，因为站着的人重心向上移动，导致钟摆变短了。

重心和加速度

我们可以通过改变重心来加快摆动速度。给秋千一个作用力，使其朝相反的方向运动。站立起来则更容易获得动量，因为这样重心移动更多。秋千在不断改变运动方向，并且人体会感觉到加速度的力量减弱或增强了重力感。当秋千在顶部变换方向时，速度最低，此时人体会产生失重感；当秋千最接近地面时，速度最高，人体会感觉到更沉重。

---

1. 译者注：比喻手法，指同时荡起两个秋千。

（五）"拥抱"点

在这项活动中，孩子们既能体验到平衡，也能体验到摩擦力。但是，摩擦力不会像让物体在滑梯上滑落时那样明显。

让两个孩子面对面，双臂伸开并伸直。将一根木棍或一块薄木板作为他们左右臂之间的桥梁。如果其中一个人慢慢走过去拥抱另一个人，会发生什么？如果木板还在，那么他们就已经找到"拥抱"点了。

材料：一块长约 1.5 米的薄木板（比如，一根木条）。

照片来源：尼奈斯港市，巴克路拉幼儿园

孩子们体验"拥抱"点

替换方案 1 ——"问好"点

两个孩子面对面站着，两人均伸出右手并竖起大拇指。然后，将一根光滑的棍棒放在两人的手上，松开靠在食指上。大拇指保持竖立。问问孩子们，如果其中一人慢慢地将他的手靠近另一个人的手去握手问好，将会发生什么。让所有人在实验开始之前都提出自己的假设，然后让他们试验一下，并思考产生的结果。也许孩子们还会被吸引去试试其他的长物体。

材料：一根 1～2 米长的光滑棍棒。

替换方案 2

将两个箱子，或是其他高为 0.5～1 米的东西放在平坦且光滑的地面上，相隔 2 米左右。再用一块木板作为箱子之间的桥梁。让两个孩子将其中一个箱子缓慢地推向另一个箱子，同时让另外两个孩子扶住另一个箱子，以免其发生移动。在实验开始之前，让大家都提出自己的假设。

材料：两个箱子，一个长约 1.5 米、刨平的木板。

物理学知识——摩擦力和平衡点

当一个孩子走向另一个孩子时，棍棒将会在手臂上滑动，直到摩擦力太大使其停止滑动为止。 这是因为孩子身后那一节棍棒越长（由于杠杆作用），棍棒压在手臂上的力则越大。

然后，该棍棒开始在静止不动的儿童手臂上发生滑动，并形成较小的压力。两人手臂上的摩擦力依次增加和减少，直到他们在"拥抱"点（或所谓的平衡点）相遇为止。

（六）天平秤

让孩子们根据之前跷跷板活动的经验来给自己制作一把秤。首先，收集一些棍子，并让每个孩子找到自己棍棒上的平衡点。然后，向他们展示可用于制秤的绳子和水桶（最好使用透明的水桶或罐子，因为这样孩子们之后可以看到桶内物体的体积）。如果将体积作对比，他们会发现相等体积的物体不一定具有相等的重量。

材料：棍棒、绳子和水桶（或塑料袋）。

将一根绳子绑在棍棒的平衡点上，然后在棒的两端各悬挂一个袋子或水桶，天平秤就制作好了

技术知识——秤

我们用着不同种类的秤，最常见的是弹簧秤和天平秤。一个简单的弹簧秤有一个或多个弹簧，用于测量一个物体的重量（重力）。所称的物体越重，弹簧伸展得越长，然后就可以在数值标杆上读取重量的数据。弹簧秤的例子有电子弹簧秤和模拟家用称重秤。另外，我们也可以借助弹簧秤来称非常重的物体，比如，汽车。

天平秤横梁的两端均有负重，横梁是悬挂式的，因此可以绕两端重物中间的轴线随意转动。横梁可以放置在尖端，或悬挂在绳子上。秤的一端是待称重的物体，另一端悬挂着一个已知重量的砝码作为参考。这时，称重应用的是杠杆原理。

应用杠杆原理的另一种方法是使用秤杆。在一个秤杆上，将固定在平衡杆一端的砝码作为参考砝码，秤杆上同时还具有用于读取重量的刻度。悬挂点可以在平衡杆上来回移动。根据杠杆原理，两侧的重量和该侧平衡臂长度的乘积相等时，杠杆处于平衡状态。

1. 用天平做公平的实验

当我们要给物体称重并比较哪个物体最重时，很重要的一点就是实验要"公平"进行。这意味着要比较的对象必须悬挂或放置在与平衡点距离相等的位置上。否则，我们会被杠杆效应给骗了。

在这里，我们把一块木板放在了一根木头上，接着往一个饼干盒内加水，直到能够清晰地看到水面没有波动为止。用一个几乎装满水的塑料瓶时，我们可以看到气泡是如何运动的（借用少量的黏合剂可以将瓶子固定住）

2. 牛奶盒中有什么

一根树枝、一块石头或一朵花给人的重量体验是完全不同的，它们给人的触感和观感也均不相同。如果我们拿起同样的物体，但尺寸不同，我们也会感到尺寸和重量之间存在联系。为了体验所谓密度的差异，我们需要准备一些尺寸相同的不同物体。因此，我们可以用不同的材料，例如，空气、水、沙子、石头、树枝、树叶、草或土壤来填充牛奶盒。

用不同的天然材料将 4 ~ 8 个牛奶盒填满，然后用胶带密封牛奶盒，并用字母、数字、颜色或符号将它们做上标记，以将它们区分开。所有牛奶盒都必须紧紧装满，相当于它们装着的是相同体积的物体，以便能够体验到不同密度的差别。

让所有孩子依次感受各个牛奶盒。首先，我们可以比较少量几个重量差异较大的牛奶盒，然后再增加重量差异不大的牛奶盒，从而增加活动的难度。

让孩子们用天然材料装满自己的牛奶盒，然后大家再一起按重量进行排列。可以先选出最轻和最重的牛奶盒，然后尝试将其余的盒子从最轻到最重进行排列。

填满不同材料的牛奶盒
重量一样吗

拓展

孩子们可能会发现，要判定两个盒子哪个更轻哪个更重并不总是那么容易的。这时，我们就可以引入用作辅助工具的天平秤了。

材料：牛奶盒、天然材料、胶带和记号笔。

物理知识——密度

密度这一概念可以描述不同材料的紧密度。为了比较不同材料的密度，必须保证它们的体积相同。高密度的材料比相同体积的低密度材料更重。

像沙子和土壤这类多孔或粉状物质的孔隙（空隙）内容物可能不同，因此，重量也会不同。例如，干燥的沙粒之间的孔隙中充满了空气，而不是水。因此，干沙子的密度低于湿沙子。

（七）水平仪

我们可能很难看清楚物体何时达到平衡，或处于水平状态。询问一下孩子们是否知道可以用来衡量物体是否保持水平的工具。如果他们被问住了，那么可以给他们一些提示，说明工具内含有水。然后，向孩子们展示水平仪，并让孩子们猜猜它的工作原理，并让他们思考如何制作自己的水平仪，最后将孩子们聚集到他们能使用的材料周围。

材料：水、透明盒子和瓶子以及黏合剂。

技术知识——水平仪

水平仪被应用于水平和垂直结构的构建。当我们要建造一面垂直于地面，且与天花板成直角的墙，或搭建一个栏板垂直于地面的栅栏时，水平仪的作用很大。

挑战

玛卡和米拉要出去野餐。她们想找到一个平坦的地方来放她们的口萨杯和盘子，这样她们的食物和饮料就不会掉出来或流出来了。帮她们找到一个水平的地方吧！

（八）充满挑战的沙箱

每个户外的操场上可能都会有一个沙箱，它吸引着孩子们发挥出大量的创造力，并给孩子们带来了许多搭建的喜悦。有时给孩子们一些挑战，能推动他们用新颖而充满想象力的方式来使用沙箱。以下是将孩子们分成小组时，可以分配给他们的各种挑战的相关建议。

1. 保护沙子山

堆起一座大大的沙子山，并让孩子们说说，如果开始下雨的话，他们认为将会发生什么。接着用喷壶往沙子山上浇水。当沙子随着水的下落而发生移动时，很可能就会形成沟槽。与孩子们讨论一下该如何保护沙子山，才能使其免受雨水的冲刷。

往沙子山上浇水会发生什么

保护沙子山的一种方法就是"植树"。插入蕨菜、峨参、木贼或其他坚韧的植物，能够减小水的能量。我们也可以使用旧毛巾来代表苔藓。

挑战

帮小精灵保护她们的山林免受大雨的侵袭吧！她们需要这些山林，山林让她们能登高远眺。

> **地球科学知识——侵蚀**
>
> 侵蚀是指自然界中，通过雨水、海浪、风和冰川等的作用，使土壤流失、山脉遭受剥蚀的现象。

2. 建桥

沙箱中松散的物料，例如，木板或浇筑成形的混凝土块，提供了创建不同结构的可能性。

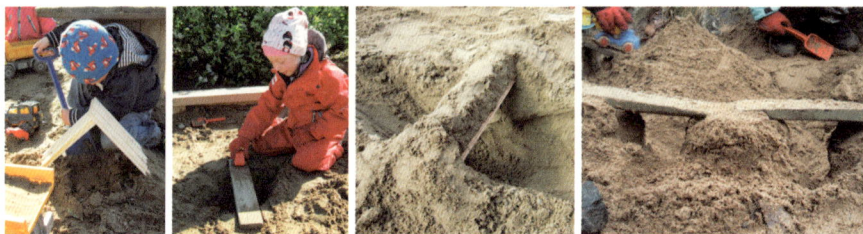

孩子们在用木板建桥

3. 建塔

建造塔楼一直是一个挑战。孩子们早早发现了湿沙和干沙是不同的。将挑战任务交给孩子们，并追踪他们的工作。成功完成搭建的一种方法就是使用棍棒来给沙塔进行加固。

挑战 1

为小精灵国女王搭建一个沙塔，让她可以站在上面俯瞰沙子国吧！女王想要站在比一个四岁孩子的屁股更高的位置上，但塔宽和成年人鞋子的长度一样即可。

挑战 2

小精灵听过一个关于河对岸埋藏着宝藏的故事。帮她们架起一座桥梁，让她们能过河去寻找宝藏吧！

挑战3

玛卡和米拉觉得小孩的精力似乎比大人更充沛一些。帮她们用沙子做一把凳子，让大人可以坐着休息吧！

4. 用织物加固的沙子

为了使沙子更稳固，最好借助织物来加固沙子。开始先铲起一堆沙子，将顶部拍平后放上一块布。然后，铲起更多的沙子堆上去，再拍平并铺上另一块布。交替堆放沙子和布，直到布料用完为止。在旁边堆起一个同样高的沙堆，但不要使用布料。试试哪个沙堆可以承受更大的重量。

材料：铲子，以及至少5块长和宽约40厘米的布料。

孩子们借助织物来加固沙子堆

挑战

沙子国中间有座山，小精灵决定了要开通一条通往另一侧的路。帮她们建一条最短的路，让她们能到达山的另一边吧！

技术知识——织物加固、隧道

织物加固

织物加固是一项相对较新的技术，包括在道路建设中也越来越多地使用它，以增加道路承载量。当大量沙子在滑动时，表明了滑坡风险很大，这时人们会使用纺织面料来给沙子进行加固。

隧道

隧道必须具有一定的长度和直径，才能被称为隧道。如果人无法穿过这个通道，那么它只能被称作钻孔或管道；如果长度太短，则可能只能算作是一座横跨两侧的桥梁。

挖隧道

5. 调水造湖

戏水和玩沙子都很有趣，且充满了教育意义。有时将水倒入沙箱内，就能开展新的创意活动了。给孩子们一个挑战，让他们尝试不用搬运的方式将水从一个地方转移到另一个地方，这个挑战既有启发性又很有趣。该活动可以在雨天院子里有积水的时候进行，也可以在干燥的日子里，利用水盆或装满水的水坑来进行。就如何不用搬运的方式将水从一个地方转移到另一个地方这个问题，让孩子们提出他们的建议。

准备好材料，以便孩子们可以搭建水管、挖沟和挖渠。孩子们可以尽情地提出不同的建议。基于这些建议，再进行设计和弄清操作方案，最后再进行改进和修正。

孩子们用不同方案将水转移到另一个地方

拓展

通过提出一些有成效的问题来挑战一下孩子们。比如：

——可以让水向上流动吗？

——水必须往同一个方向流动吗？

——你们能决定水流动的快慢吗？

通过提问来一同思考活动开展的情况：自然界中有移动的水吗？我们人类会用某种方式来移动水吗？

材料：铁锹、水桶、建筑塑料、管道和石头。

挑战 1

沙子国遭受了干旱袭击，苹果园正在干枯。帮小精灵把水引到沙子国去吧！

挑战 2

玛卡和米拉想要划船。帮她们造一个湖吧！

6. 干净的水

水在沙箱中变脏了。这可是思考能否用某种方法来净化水的好时机。在沙箱内玩水，让里面的水变浑浊，或将沙子和水在水桶或瓶子中进行混合。将孩子们关于如何净化水的想法收集起来，然后尝试不同的建议，并思考得出的结果，最后根据新产生的想法进行新的试验。

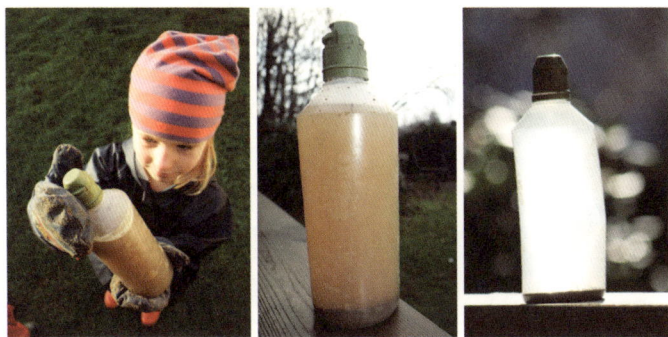

我们可以通过沉淀来净化瓶中的脏水。沉淀过程中沙子和污垢会慢慢沉到底部。最大的颗粒和沙粒将首先下沉，而最小的颗粒，例如，黏土颗粒，将在更晚的时候沉淀下来

技术知识——污水处理厂

在污水处理厂中，废水经过不同的步骤被净化。第一步是粗筛，即经过所谓的清洁格。然后，脏水被进一步转移到除沙器内。在那里，沙子和其他较重的颗粒将沉到底部，水则流入沉淀池中，一部分污泥沉到底部并被去除。经过化学纯化和生物纯化后，在将水释放到大自然之前，还要经过进一步的沉淀处理。

挑战

帮小精灵净化变得很脏了的湖水吧！

地球科学知识——沉积物

　　当溪流中的水静止不动时（例如，流到湖泊后），沙子和黏土颗粒会沉入底部，并形成一层被称为沉积物的土层。

小贴士

过滤

试验一下用旧帽子或袜子等织物来过滤净化水。

7. 制作计时器

　　让孩子们自己想一个必须在沙子全部流出沙漏之前完成的任务，例如，堆一个沙子山，越大越好，或者看看小精灵和墨丁驾驶赛车能够往小山坡上下来回多少趟。

　　操作步骤：在两个大小相同的塑料瓶的盖子上钻孔。然后将沙子过滤一下，以免小垃圾或砾石掉入瓶中。将过滤后的沙子装满其中一个塑料瓶。将两个盖子拧紧，再将两个瓶子的盖子合在一起，用胶带紧贴在一起。试验一下看看沙子是否能不停地流下去，然后测量沙子流出所用的时间。盖子上洞口的大小、塑料瓶的容积或是沙粒的尺寸都会影响沙子流出塑料瓶所用的时间。

　　材料：两个塑料瓶、罐子、沙子和胶带。

　　工具：电动钻、钻头和筛子。

孩子们用两个瓶子制作计时器

技术知识——沙漏

1300年前，甚至可能更久远以前，沙漏便已成为闻名于世的时间测量工具了。一个沙漏代表的时间取决于沙子的数量、晶粒的大小和瓶子颈部的宽度。

挑战 1

小精灵将与她们的邻居墨丁进行竞赛，但是她们没有计时器。帮她们做一个计时器吧！材料只有沙子，以及一些粗心的人扔在地上的旧塑料瓶。

挑战 2

小精灵想要有一个美丽的走上去也很舒服的沙滩。帮她们把那些硌脚的大颗粒沙子捡走吧！

挑战 3

玛卡和米拉想知道在沙漏中的沙子流尽之前，你们能来得及做出多少个沙子饼干。

（九）栅栏即资源

许多幼儿园在院子周围和里面都有栅栏。使用栅栏的初衷是要将幼儿园围起来，防止儿童外出。为了使幼儿园更具吸引力和创造力，我们也可以将栅栏作为一种资源利用起来。由铁丝编织形成的网格图案可以用作牢固的编织基底或安装面。在这里，孩子们可以使用几种不同的技术来制作出漂亮的图案、编写消息或固定物体。

孩子们通过编织来装饰院子里的围栏

1. 编织围栏

人类的祖先很早之前就已经开始使用编织的织物来御寒和防晒了，而我们现代人类也有很大的审美需求，也想要通过创造和装饰来表达我们的审美。我们可以让孩子们通过编织来装饰院子里的围栏。

首先，向孩子们展示编织的原理，让他们尝试一下这项技术。先试试塑料条或布条，毕竟它们是最容易进行编织的。然后，便是时候和孩子们一起计划该如何装饰栅栏了。与孩子们一起绘制一张草图，以便每个人都能了解即将做成的图案外观。然后进一步思考可用于编织的材料有哪些。可能需要准备些材料来将编织的图案固定到围栏上，如将塑料袋或布剪成条状，剪下树枝，还要将小珠子串在线上。大一点的孩子可以帮忙准备材料，小一点的孩子则可以直接获得成品。

将活动过程和结果记录下来，并与开始编织之前描绘的草图进行对比。看看活动过程中孩子们的想法发生了什么变化，这样的观察十分富有教育意义。

材料：塑料袋、布（最好是旧衣物或旧床单）、树枝、长长的草、其他的自然材料、小珠子和线。

工具：普通剪刀和树枝剪刀。

技术知识——织布

我们发现的最古老的织布印迹是一块布的黏土印，其历史可追溯至公元前7000 年。人们掌握了织造技术后不久，便将其进行了进一步的发展，从而制作出织造中的装饰图案。

2. 声音站

在栅栏一隅制作一个声音站，是一项能和孩子们一起持续发展下去的活动。栅栏是一个能轻松制作出不同的声音，并进行对比的理想场所。在室外时，声音的音量很高也不会令人厌烦，而在室内时，则很难让人容忍同样高的音量了。

收集不同的物体，例如，树枝、罐子、塑料瓶和石头。

与孩子们讨论如何使用各种东西来发出声音。思考如何将这些东西固定在栅栏上，使其变成一个声音站，一个能试验不同声音的地方。

以下是几点建议。

（1）金属罐及其附属的木棍和石头

用钉子在罐子上打孔。将钢丝绳或塑料束绳穿过这个孔，然后固定到栅栏上。在罐子旁边挂一根木棍和一块石头，可以用来敲打罐子。根据敲打罐子的物体以及敲打的方式，同一个罐子可以发出不同的声音。

（2）不同的长木棍

将绳子绑在不同长度和直径的木棍末端，再将它们绑在栅栏上。拖动栅栏上的各根木棍，并聆听它们的声音。悬挂圆木棒、打蛋器、塑料管或薄金属管也是可以的。

（3）塑料瓶

将石头、砾石和水等不同的材料放入若干塑料瓶中。将各种长绳缠绕在瓶颈周围，然后将瓶子绑在栅栏上。摇动瓶子，或将瓶子从栅栏拉开，比较同一个瓶子两次分别发出的声音，同时也比较不同瓶子发出的声音有何不同。

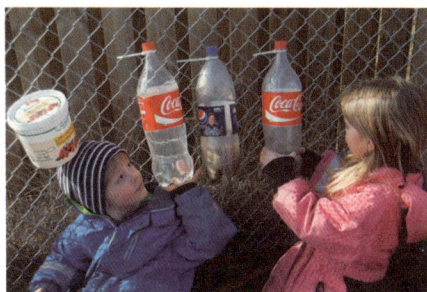

比较瓶子发出的声音

（4）声音软管

将不同长度的花园软管编织或固定在栅栏上。比较孩子们向软管末端吹气，和击打软管末端时发出的声音。为了更容易捕获声音，我们可以在每段软管的开始和末端都用强胶带固定一个漏斗。

材料：木棒、不同材料的罐子、塑料瓶、塑料管、薄金属管、石头、砾石、水、塑料软管、漏斗、胶带、钉子、塑料束绳和钢丝绳。

工具：锤子和钳子。

孩子们在体验声音软管

3. 种植地

栅栏通常是一片很大的未使用的区域，非常适合用来种植。比起直接在地面上种植，在一定高度处种植则有许多优点。我们可以调节种植容器所在高度，以适应孩子们的身高。植物在高处生长时，偷吃植物的蜗牛也没有地里那么多，我们还很容易给植物进行浇水和修剪。最后，但同时也很重要的一点是，栅栏上长着绿色植物时看起来非常漂亮。

用塑料盒、布袋等容器在栅栏上种植植物

收集一些不同的可以盛放泥土的物品，可以是牛奶盒、牢固的塑料袋、金属罐、布袋子或旧帽子。几乎只要想象得到，都可以不受限制地去尝试。容器中的排水孔很重要，否则植物可能会被淹死。首先，用钉子将底部划破，或在底部打孔。接着，在容器的顶部边缘打孔，并使用钢丝或细绳将其固定到栅栏上。然后，用土壤来填充容器，种植一株植物或播撒一些种子。最后，给植物浇水，并好好照顾它们。

早春时节，你就可以播撒下能在室内发芽生长的种子，为绿色栅栏做好准备了；之后，再将其移到室外的栅栏上。

材料：牛奶盒、冷冻袋、塑料罐或其他可以装土壤的容器、土壤、塑料束绳、钢丝绳或普通绳子、种子和植物。

工具：钳子和剪刀。

4.缝制种植口袋

将蜡布、牢固的建筑塑料袋、厚重的面料或旧衣物剪成长方形的方块。不要剪得太小块，因为土壤在小口袋中干燥得很快；另外，也不要剪得太大块，因为种植口袋太大了会很沉，就很难牢牢固定在栅栏上了。

将长方形从中间叠起，用针别住或用胶带粘好，然后用机器或手工沿边缘进行缝制。边缘有点小缺口是无大碍的，水反而能更容易流出来。但如果缺口太大而产生土壤流失的风险的话，则可以在倒入土壤之前，先在缺口上面放一小块布。

将塑料束绳或钢丝绳沿着口袋顶部的一侧固定在几个位置上，距离和长度取决于口袋的大小。使用束绳或钢丝绳将口袋挂在栅栏上。填满土壤，再放入一棵植物或一些种子，并浇水。

材料：蜡布、建筑塑料袋、厚重的面料、旧衣物、强纱线、塑料束绳和钢丝绳。

工具：剪刀、钳子和针，或缝纫机。

5.弹珠轨道

在栅栏上搭建一个弹珠轨道并不困难。栅栏为轨道提供了固定的空间，并且使其能长时间保留在原处而不会妨碍到道路。我们可以按照多种方法，使用不同的材料来搭建轨道，还能轻松地通过重建和扩展对其进行改造。

给每个孩子各一个弹珠，接着开始我们的活动。请孩子们将弹珠扔到地面上，并让他们试验一下在弹珠落地前，他们来得及做些什么。讨论是否有某种办法能延长弹珠掉到地面花费的时间，也许有孩子会认为需要加长弹珠移动的路线，弹珠掉到地面才会花费更长的时间。

搭建轨道最简单的方法是从不同尺寸的排水沟和塑料管开始。可以将有些管道纵向分开，便于孩子们看到球。使用塑料束绳或普通绳子来固定管道或排水沟。（有时，我们还需要用钉子等在管道上打孔，便于将其固定在栅栏上。）管道的倾斜程度决定了在同一表面上弹珠移动的速度。看到弹珠在不同的表面上是如何移动的也很令人兴奋。光滑的材料可降低摩擦，并且提高移动速度。这样的弹珠轨道为富有教育意义的体验和试验创造了许多的条件。

材料：排水沟、不同直径的管道、普通绳子或塑料束绳和弹珠。

工具：锤子和钉子。

挑战 1

玛卡和米拉喜欢弹珠轨道，她们想要弹珠在到达终点之前能滚动很长一段时间。你可以搭建一个弹珠轨道，让弹珠在其中可以至少跳跃十次吗？

挑战 2

玛卡和米拉想要弹珠在传到轨道尽头时能发出声音，以便她们知道弹珠已经到达终点线了。你能帮她们吗？

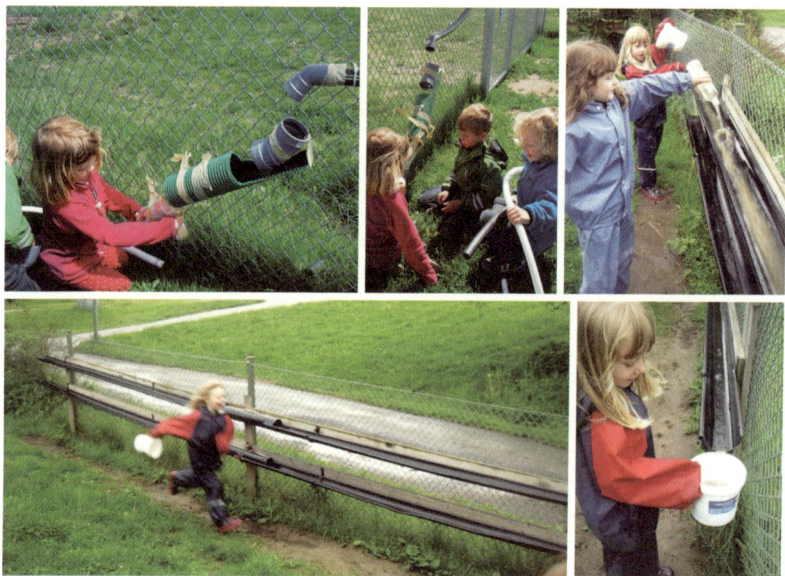

这条用作水通道和弹珠轨道的金属排水沟被永久地固定在了栅栏上。这里，他们正在测试是否有可能比水跑得更快

6. "厕所"

对于最小的小朋友来说，这是一个有趣的水通道。他们可以取水，并将其倒入上部的盒子中，然后观察其通过软管向下流到底部的盒子内的整个过程。而对于年龄较大的孩子，可以将其作为厕所工作原理的模型进行展示。蓝色的冰淇淋盒是水容器，白色的则是马桶座。将软管提起，使弯头处一直都有积水，即所谓的水锁。弯头处的水可以防止下水道的气味从马桶里散发出来。"马桶"中有少量的泥土，且软管是透明的，这时我们可以跟踪污水向下流到象征着污水处理厂的盒子中。请注意，"马桶"必须高于软管上的弯头，使水能通过弯头流出。

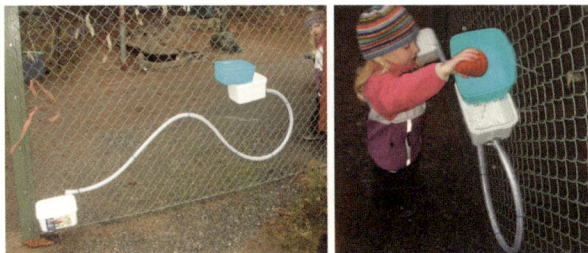

最小的小朋友开心地倒着水，最年长的小朋友则若有所思地
看着塑料软管，问："水怎么才能往上流呢？"

材料：2 米长的透明塑料软管（直径至少 20 毫米）、3 个冰淇淋盒、塑料束绳和在盒子上打孔的钉子。

（十）浇铸的乐趣

孩子们无法独立进行铸模，但和成年人一起，这就成了一项能激发孩子们想象力的令人兴奋的活动了。从简单的开始，可以让孩子们产生成就感。将混凝土倒入水桶中。小心一些，因为灰尘会扑出来。这时，可以让孩子们站在一定距离之外。

一次加一点水，并混合。当浆糊变得潮湿，且混凝土不再浮尘时，孩子们就可以过来帮助搅拌了。请注意，我们的混合物浓度应高于包装上指示的比例。质地应该同浓稠的粥一样，不要太干而呈现碎石状，也绝不能太稀。一次不要弄太多，不然搅动起来太辛苦了。

为了使固化的混凝土更容易被取出来，孩子们必须给模具上油。最后，倒入混凝土并轻轻按压，使混凝土中的气泡消失。接下来就需要一点耐心了，我们必须得给混凝土洒数日的水，它才能硬化。可以使用喷雾瓶来洒水。

一旦开始铸造，就能开始尽情发挥想象力了。我们可以看到到处都是各式各样的模具。大模具还可以套小模具，这样可以浇铸出碗来。

下图是一颗瓦楞纸板制成的心，一个贝壳盘子和一块大叶子方块。这个圆盘是一个带有马赛克小块的花盘。

鸟儿的浴盆由塑料泡沫制成，塑料中央的水坑则是由重木头块压成的。它使用的模具是小龙虾盆，也就是在购买冷冻小龙虾时盛放小龙虾的塑料盆。

模具　　　　　　　　　　　　　　　鸟儿浴盆

1. 带形状的混凝土块

将瓦楞纸板或气泡膜切成小块并放在模具的底部，可以在切出的小块上放些油，然后铺上混凝土。如果要放一片叶子，将其放在底部时，请将叶子的叶脉朝上。

经验表明，孩子们通常觉得把东西放在混凝土上面是最有趣的，因为这样他们便可以随时随地跟踪它的干燥情况。第二天，他们就可以稍稍戳一下自己的模具了。而之后移除模具时，便是激动人心的时刻了。

也许你们用所有的混凝土板只创造出了一件艺术品，但很可能每个孩子都想要将其带回家。

材料：细混凝土、混合混凝土的桶、水、杯子、模具（例如塑料花盘、塑料包装袋）、食用油、给处理混凝土最多的人准备的塑料手套、制模的泡沫塑料和装饰物（例如，石头、贝壳、马赛克小块、玻璃珠、瓦楞纸板、气泡膜和经脉厚实的叶子）。

工具：用于搅拌的大勺子或木棍。

2. 混凝土建筑

我们可以用许多不同的方法来搭建房屋。房屋的共同点是它们都需要骨架，即一个框架。先四处散散步，观察一下四处的房子。孩子们觉得它们是用什么材料建成的呢？用混凝土建成的房屋是什么样的？回到幼儿园之后，孩子们可以利用木棍或沙子等材料来自由建造各种房屋。

然后，是时候来具体介绍一下混凝土了。也许有小朋友已经和父母在一起浇铸过。讨论一下可以使用哪些不同类型的模具。然后，孩子们可以在牛奶盒等模具中浇铸墙壁。

将牛奶盒沿中间竖直切成两半，这样就得到了两个模具了。将细混凝土和水在桶中混合。孩子们要与之保持一定距离，直到灰尘沉淀下来之后，才能让他们帮忙搅动。将混凝土倒入模具中，使墙壁厚度达 2 厘米左右。将铁丝网或木棍按压进混凝土中，以起到钢筋的加固作用。可以在建筑所需之外多浇筑几面墙，这样孩子们就可以试验一下破坏有钢筋的墙壁和没有钢筋的墙壁之间的区别了。混凝土固化后就可以盖房子了，这可以在沙箱中进行。

材料：牛奶盒、细混凝土、水和铁丝网。

工具：剪刀、钳子、混合用的水桶以及搅拌的物体。

在建造房屋之前，我们查看了不同的房屋，发现它们都立在混凝土板上，而墙壁通常是用木头和砖头做成的

253

技术知识——混凝土、钢筋

混凝土

混凝土是一种由水泥、水和沙子（或砾石和石头）组成的建筑材料。当混凝土被运输到建筑场所时，它一般被放置在卡车上的一个旋转容器中，以防它发生固化。

钢筋

钢筋用于加固结构，并防止混凝土破裂和掉落。它的工作原理类似于人类的骨骼。钢筋还被应用于汽车和自行车的轮胎等。

化学知识——水泥

水泥是由石灰石和黏土制成的黏合剂。与水接触时，水泥发生化学反应，发生固化，且不再溶于水。

挑战

小精灵将要建造一栋耐用的混凝土房屋。帮她们浇铸墙壁吧！不要忘记加固哦！

（十一）石头相关的活动

1. 心爱之物

石头几乎随处可见，非常适合在户外活动中被利用上。这个活动能让孩子们注意到各种各样的石头，并且很适合分小组行动。

让孩子们捡3块他们认为有些特别的石头，且石头的体积不得比一个拳头大，也不能比他们的拇指指甲小。

把孩子们聚成一圈，让他们拿出自己最大的石头。然后，让孩子们比较一下这些石头，并确定哪一块最大。将所选的一个或多个石头放在孩子们围成一圈的中心。活动继续下去，选出例如颜色最深、最粗糙、最尖锐、最薄和最闪亮的石头。

孩子在岸边捡石头

请记住，许多孩子经常在活动结束后还想保留他们的石头，这是因为它们本身就有点特别，而且也是孩子们精心挑选出来的——它们可是孩子们真正的心爱之物呢！

材料：一块放石头的白布。

2. 分组

将石头进行分组则是另一种打开孩子们眼界的方式，能让他们看看我们周围有多少种不同的石头。石头可以有不同的颜色、形状和大小。

让孩子们各自捡起 5 块石头，然后将孩子们分成几个小组。给每组一块白布用于石头的分组或排列。给他们不同的任务，比如，他们可以按颜色、形状或大小对小组的石头进行分类。然后，让孩子们讲讲他们的想法。比如就石头的尺寸，他们通常就能进行很深入的思考——决定哪一块石头最大依据的是它们的长度、厚度、体积还是重量呢？

材料：白色塑料桌布。

3. 分组排列

分组和排列是利用数学知识来从自然科学的观察和实验中获取结构的不同方式，使我们能够发现其中的模式、联系和变化。

拓展

许多人外出时捡起一块石头是为了纪念，或仅是因为它闪闪发光的样子，或是因为其光滑的质地。石头轻易可见，它们为自然科学、技术、语言和数学等领域的各种活动提供了可能。以下这些有成效的问题将有助于激发孩子们对石头产生好奇心。

——你的石头是什么颜色的？

——你可以在你的石头上看到多少种不同的颜色？

——湿的石头和干的石头，颜色有什么不同呢？

——有什么东西和你的石头一样重吗？

——所有的石头看起来都一样吗？

——你的石头摸起来感觉怎么样？

——如果你把石头放在水中，会怎么样呢？

——你可以用石头搭起多高的塔呀?

——你能用你的石头制作出沙子吗?

——你的石头是从哪儿来的呢?

材料:放大镜、水缸、体重秤,以及其他孩子们开始研究时可能需要的东西。

地球科学知识——石头、花岗岩

地球科学是自然科学的一部分,它由许多与地球相关的主题,及地球表面发生的各种变化的过程组成。关于石头和岩石的研究是在地质学领域进行的。

石头

石头由不同的岩石组成,而岩石又由不同的矿物质组成。颗粒的大小决定了它是否是一块石头。在这一门科学中,按颗粒尺寸从大到小,进行了以下的分类:石块、石头、砾石、沙子、泥沙和泥土。

旧标准更适用于描述我们日常生活中所指的石头。2002年以前,一块石头的直径在2厘米至20厘米之间。而按照新的欧洲标准,石头的直径现在为6.3厘米至20厘米之间。因此,现在许多石头都被改称为粗砾石了。

花岗岩

花岗岩是由石英、长石和云母等矿物质组成的岩石。无论有无放大镜,你都可以清楚地看到花岗岩中的这三种矿物质。有些人觉得它看起来像带斑点的香肠。

(十二)院子——教育资源

幼儿园室外的院子无疑是教育活动的绝佳资源。通过不同行政部门之间的合作,我们可以将院子发展成为支持性的学习环境。以下各小节展示了许多图片,实例展现了通过无拘无束的游戏,我们是如何在院子里促进孩子们自主学习自然科学和技术知识的。

1. 水

小水坑一直是,并将永远是孩子们以不同方式体验水的地方。它们并非一直都在那儿,因此要好好抓住有水坑的时机。可以提的一个有成效的问题是：水坑干涸的时候，里面的水都去哪儿了呢？

集水是免费获得水的一种方式，而通过使用雨水，能使孩子们理解到我们应该要节约使用饮用水。

斜坡或栅栏上的旧水槽可能会成为水通道，但也能用作玩具车和小球的通道。在这里，孩子们有机会近距离观察并了解他们一般难以接触到的这些日常生活中的技术知识。

小水坑是孩子们体验水的地方

使用水桶收集雨水

旧水槽也是近距离观察水的环境资源

一个带或不带所谓流槽的混凝土水梯，是将一个技术系统可视化的一种方式。最底下有一个代表湖泊的小池塘。手动泵的使用让孩子们体验到将水带到堤坝上方所需的能量。打开堤坝的闸门，水便向下流动。如果设计的水梯上有足够的空间放置水车，则可以让孩子们自己用苹果、烧烤棒和纸板制作水车。

混凝土水梯

简易通道也能用木头制作而成

　　可以给孩子们一个挑战，鼓励他们借助可拆卸的管道和其他类型的塑料
管，提出自己的输水技术解决方案。

用塑料管尝试运输水

　　将木板放在一根木头或电缆盘上，孩子们就拥有了一个跷跷板。他们可
以借此体验杠杆原理，并尝试去寻找平衡点。他们还能了解到天平秤的工作
原理。

用木板自制跷跷板

宽容的态度意味着有时也要允许孩子做通常不被允许的事情。例如,沿着滑梯向上爬就是研究平板与鞋底之间所产生的摩擦的好方法。

沿着滑梯向上爬,体验摩擦

爬进一根大管子里便能体验到待在一个车轮内的感受。如果小朋友在管道内的移动使管子滚动的话,那他就成了汽车的马达了。

在管道内移动,体验车轮滚动的感受

一根挂在树上带有座位木板的绳子形成了一个摆。使用不同长度的绳索,孩子们将能体验到摇摆代表的时间的差异。

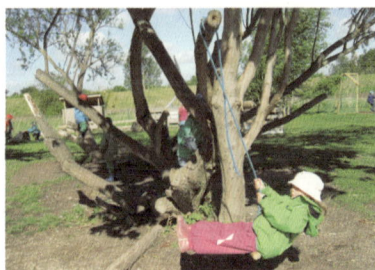

坐在挂在树上的绳子上,感受摇摆代表的时间

2. 与周期、耕种和生物多样性相关的建筑

即使身在市区，我们也可以在幼儿园内搭建一个鸡舍。母鸡给孩子们提供了机会，让他们能近距离感受我们最常见的家禽之一，看它们是如何生产食物的。这能让孩子们了解到家禽的需求，并深入了解可持续性养殖业是什么样的，特别是当孩子们自己的煎饼中有使用鸡蛋这一成分时，如果鸡蛋进一步孵化成了小鸡，那将会是完全不同的体验。无论是情感上，还是生物学上，体验到的内容都将更加广泛。

鸡舍

堆肥并不必堆成像下图中这样大，图中的堆肥由陶粒砖和模压胶合板制作而成。

堆肥中会发生大量的化学反应。大量的微生物，甚至更大一些的有机体都有助于其降解。堆肥让孩子们体验到化学反应过程，理解循环周期，以及了解如何从技术上解决营养成分循环利用的问题。

堆肥

如果安置了鸟屋，孩子们还可以感受到野鸟的生存需求。鸟屋的搭建意味着会涉及许多不同的技术元素，孩子们将有机会体验不同的工具和简单机械。

鸟屋

通过体验生长的力量，并参与丰收的过程，孩子们可以获得食品生产的整体视图，这也是了解光合作用这一化学反应实例的一个很好的入门。

丰收

通过使用自己堆肥的营养来种植植物，可以激发孩子们对自然中不同周期，以及人、自然和社会之间如何相互影响的兴趣，并使他们加深理解。

使用自己堆肥的养分种植植物

3.设计和解决问题

多样化的材料和大人宽容的态度是孩子们动手开始并勇于创新的前提。在这个前提之下，可以鼓励孩子们尝试不同的技术解决方案，去解决他们在游戏设计中遇到的问题。

用多样化的材料进行技术创新

可以用不同的方式来整理材料，尤其可以根据材料的尺寸进行整理。较小的物品可以存放在抽屉或柜子中。较大的物体则应放置在合适的位置上，例如，如果幼儿园要了解秋千，那么可以将秋千架放在栅栏边。

整理不同的材料

带虎钳的钳工工作台为年龄较大的小朋友创造了工作条件。在这里，他们有机会体验到许多不同的简单机械，让他们能够使用不同工具来更有条理地进行设计工作。

钳工工作台

沙箱中的挖掘机既带来了电动挑战，也为研究完全可视化的机械装置创造了条件。它为孩子们带来了一种替换水桶和铲子的技术。

挖掘机

设计是对现实的解释，是根据现有材料，为解决问题而开展起来的活动。材料回收能让孩子们认识到，如果材料可以重复使用，并且废料能再利用而不是直接被丢弃，那么我们也是可以过着节源的生活的。

两架直升机，一个树屋，以及一艘由废弃的木板和托盘做成的船

在比沙箱更大的地方搭建桥梁，让整个身体都能参与并体验桥梁的建造过程。

搭建桥梁

是地下的一个隧道，还是地上的一座桥？这是一个问题。

隧道还是桥

在这里，孩子们正在用自己砌成的混凝土块砌筑桥梁。

用自己砌成的混凝土块砌筑桥梁

4. 运动和体能活动

学习的先决条件是孩子有专注力，并且能够发展自己的运动能力。良好的运动技能和专注力二者的基础则是孩子们的身体要保持活跃。精心设计的院子可以带给孩子们足够的刺激，使他们能够开展他们所需的那些必要的体能活动。

对于最小的孩子来说，在管道内爬行可能无法给他一种置身轮胎内的意识体验，但会给他一个爬到管道另一侧的运动挑战

这棵树给孩子们带来了许多运动的挑战，并吸引着他们开展体能活动

上下坡需要力量和运动的技能。斜面是简单机械的一种，它给孩子们带来了另一个维度的体验。

上下坡

可以用散落在地上的材料来鼓励孩子们走平衡木，玩"脚不沾地"[1]，以及其他类似要求身体运动的体能活动。

平衡木

夏天，树木给孩子们提供了活动身体、进行运动挑战的场所，而且还能提供紫外线的防护。它们还能让孩子们了解自然循环相关的植物学知识。

爬树

---

1. 译者注：顾名思义，这类游戏的要点就是脚不能沾地，常见的有在绳子上行走等，对身体平衡感要求比较高。

5. 思考和恢复

每一个院子还需要有个让孩子可以独处的地方。

独处的地方

一个有启发性的院子会延长孩子们在户外所待的时间，而长时间在户外会感到疲倦，这时候一个可以独处、能稍事休息的场所就非常重要了。在这里，孩子们可以进行思考或者恢复体力。

能独处、稍事休息的场所

六、收集的方法和材料

（一）放大镜探测之旅

这项活动会打开孩子们的视野，而身为教育者的你则是他们的共同探索者。观察我们眼前，甚至是我们脚下的这个迷你世界，会是一次绝妙非凡的体验，一年四季皆是如此。观察过程中，想象力开始流动——苔藓可能会变成丛林，而树干上粗糙的树皮看起来仿佛是月球的景观。

用放大镜观察草地

用放大镜观察树皮

　　向所有的儿童分发放大镜，并向他们展示该如何用放大镜来查看物体。对于最小的小朋友来说，只要趴在草地上研究一下草叶间的生命就足够了。通常他们都能找到自己感兴趣的动植物。

　　大一点的孩子则可以在院子里进行放大镜探测之旅。他们或许会看到一片叶子上的一个小孔，一朵花的雄蕊和雌蕊，一块木头上的美丽花纹，或许还有一点鸟的粪便。

　　让他们向一个伙伴展示一下他们发现且觉得漂亮的物体。这样，孩子们就可以与他人分享他们的发现了，而且他们可以引起对方注意不同的细节。

　　材料：放大镜。

双向放大镜

物理学知识——放大镜

　　放大镜包含一个研磨平滑的透镜。当昆虫反射的光通过透镜时，光线会发生散射，使得人眼记录的昆虫体积比它实际的更大。

挑战

　　小精灵非常喜欢动物，她们想要养宠物。帮她们分别找到一种有 6 条腿的、一种有 8 条腿的、一种有多于 8 条腿的、还有一种没有腿的动物吧！

（二）小昆虫侦探的陷阱

　　通过研究自然界的迷你动物园——昆虫的世界，可以深入了解不同昆虫的生活地点和生活方式。进一步了解这些小动物们的一种方法便是将它们捕获到陷阱中。这样，孩子们可以更仔细地研究这些动物，然后再将它们放回到野外去。

询问孩子们是否知道哪里有昆虫，以及他们认为该如何才能捕捉到这些昆虫。对于动物的栖息地以及要如何捕获它们，孩子们肯定有很多好的提议。尝试一下孩子们不同的提议。如果孩子们的创意受阻了，或是你们需要更多的小贴士的话，那么可以参考以下的内容。

1. 罐子陷阱

在地下挖一个坑，再放入一个罐子，罐口与地面同高。然后在罐子周围重新填满土壤。在罐子周围放一些石头，并在上面放一块木板或其他类似物。罐子和木板之间应该留有一点空间，这样动物才能掉到罐子内。木板是陷阱的屋顶，可以防止雨水或阳光伤害到动物。而梨子或苹果块可用作罐子内的诱饵。可以让孩子们尝试一下不同的诱饵。一天过后必须将陷阱清空，以免掉入陷阱的动物死在里面。

材料：放大镜、玻璃罐子、木板、梨子或苹果块。

木板下方埋有一个罐子

2. 土豆陷阱

纵向将土豆切成两半，并将内容物挖出。在边缘上挖几个孔，做成小入口。用细绳或橡皮筋重新将两半块土豆合在一起。将土豆放在院子里或附近合适的地方，最好稍微阴暗潮湿一些。

材料：土豆和细绳。

一个土豆陷阱

3. 瓦楞纸板陷阱

这是一个可以很好地了解有哪些动物生活在树干里面和树干上的陷阱。将一块瓦楞纸板折叠几次，也可以将其剪成小块，然后折叠在一起形成多层结构。将瓦楞纸板绑在树干偏上方一点的位置上。可以设置多个陷阱，并进行比较，例如，将瓦楞纸板按水平和垂直两个方向放置，或放置在不同的高度或不同的树木上，或放置在不同的光线条件下。在清空之前，该陷阱可以被放置数日的时间。取下后，将其在浴缸或白布上轻轻晃动，也可以将纸张小心撕开。通过用放大镜来研究动物，对动物进行计数和分类，并思考它们是哪种动物，孩子们便能够很好地了解哪些动物可以生活在树干里面和树干上了。可以在一年中的其他时间段，或在其他树种上设置陷阱，并将得出的结果互相比较。

材料：瓦楞纸板。

水平或垂直放置瓦楞纸板，绑在树干上方或是下方，这些对结果有影响吗

4. 用瓦楞纸板进行公平试验

为了调查哪个瓦楞纸板陷阱能更好地捕获昆虫，必须一次只测试一个条件（变量）。如果要查看高度对于结果是否重要，则必须确保其他所有条件（变量）保持相同。这就意味着我们虽然将瓦楞纸板放置在不同的高度上，但是它们必须具有相同的尺寸，并以相同的方式被绑在树上，而且它们必须得在一天中的同一时间，在相同的环境（温度、光线、湿度）下被绑在同一种树上。

（三）小昆虫侦探的捕获器具

1. 雨伞

寻找生活在树叶中的昆虫的一种简便方法就是晃动树枝。在树枝下方放一块白布，或将浅色的雨伞倒挂在树枝下，再晃动树枝。

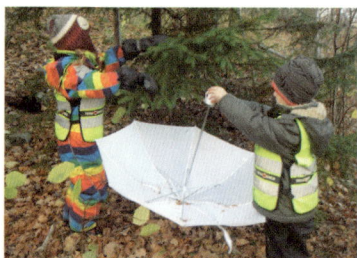

在白色的雨伞上
能很好地看到昆虫

2 捕虫网

用捕虫网盖住高高的草丛和香草，或是从中穿梭而过，那些待在草秆、花朵和叶子上的昆虫们就都被捕获了。对于最小的小朋友，可以让他将轴取下，直接拿着网去捕虫。

3. 扑蝶网

蝴蝶、苍蝇和其他飞行昆虫最容易被扑蝶网所捕获。

捕虫网

4. 地表筛子

地表筛子被用于将生活在地表的昆虫们给摇出来。收集一堆地表土，将其放入筛子内，再轻轻摇晃。将筛过的地表土重新放回原处。

将结松开时，把筛子放在一块白布上。

扑蝶网   用地表筛子可以找到许多分解者

5.吸虫器

吸虫器被用于捕获那些生活在人难以接近的地方（例如，树皮腔中）的最小的那些昆虫们。吸虫器还有助于快速捕获昆虫，否则当人们摇动树枝，或是将捕获的昆虫从捕虫网或地表筛子中倒到一块白布上时，它们就飞走或爬走了。此外，对于那些脆弱一些的昆虫而言，这也是一种温和的捕捉方法。我们需要一定的运动技巧才能将其吸进吸管内。

从教具公司那里可以购买现成的吸虫器，但也可以自己制作。请参阅下面的描述内容。

和用手指去捉昆虫相比，用吸虫器要更加温和。但是重要的是要先掌握技巧，然后再像用吸管吸饮料一样去吸昆虫

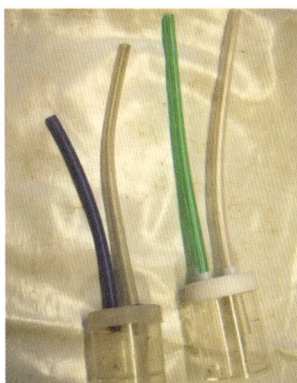

图为购得的吸虫器

当下我们有一个你购买虾和蛤蜊时，盛放它们在内的那种罐子。这种罐子的优点在于它是透明的，并且盖子盖得非常牢固。我们在盖子和罐子上分别钻了一个孔。孔的大小应刚好能让软管穿过即可。在罐子的内部，我们贴了一点管道胶带，以免软管掉出。我们在盖子内侧的软管口周围放了一块布，并用胶带固定住。布起的是过滤器的作用，必须用很薄或者是密度很稀疏的布料（我们用的是破旧的床单布，但纱布肯定会更好一些），以便孩子们从管子中吸入空气。然后，就可以尽管开始寻找昆虫了。盖子上原本就贴着的商品标签的优点在于，当罐子被颠倒放置时，在白色背景下，我们能更清晰地看到昆虫。

材料：两根塑料管（长25cm、直径8mm）、带盖子的透明塑料罐、一小块布料（4cm×4cm）和管道胶带。

工具：剪刀以及钻孔的工具。

用胶带将从钻孔伸入罐子内侧部分的软管固定至罐子内

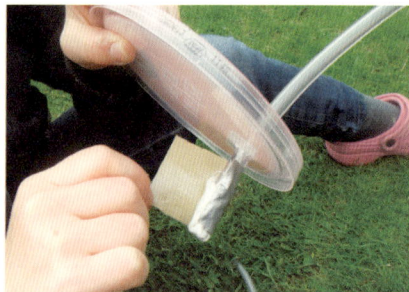

将另一根软管插入盖子的钻孔中。内侧的软管末端粘着一小块布

在上侧的软管吸气，下侧的软管则去捕获昆虫

在这里，我们成功抓到了一只蜘蛛。布料过滤器防止了蜘蛛进入到我们的嘴里

吸虫器的工作原理类似于吸尘器。空气被从容器中吸出，必须有新的空气来代替。于是，空气被吸入到管道中，并带走了昆虫或灰尘。为了防止昆虫进入口中，或防止灰尘进入到发动机内，装置中均安装有过滤器。

6.捕虫网

为了制作这个捕虫网，我们使用了一个两升容积的冰淇淋罐和一个普通的购物袋。首先，我们用刀切割掉冰淇淋罐的底部；然后，用钉子在罐子的长边上打孔；接着，我们将棍子插入两个孔中；最后，将塑料袋置于罐子的底部，折叠并用胶带粘好。

材料：塑料罐、塑料袋、木棍、钉子和管道胶带。

工具：剪刀或小刀。

一个简单又便宜的捕虫网。在蓝莓树丛中仅仅扑了数下，我们就抓到了一只美丽的蝴蝶

7. 水生物捕网

可以用厨房滤网制作一个简单而便宜的水中捕虫网。用管道胶带将过滤网固定在用作扫帚手柄的圆棒上。我们的经验表明，如果将它们存放在室内而不接触阳光的话，这个装置可以使用很多年。

材料：圆棒、厨房滤网、管道胶带或是软管夹。

自制水生物捕网

技术知识——捕获器具、伸缩

捕获器具

为了生存，人类长久以来设计了许多不同的捕获工具和狩猎武器。让孩子们按照一定的要求制作自己的捕获工具并捕捉昆虫。例如，制作前对孩子们说："我们要捕捉一些生活在草丛和香草里的昆虫，注意一定不能让昆虫受伤，因为之后我们还要将它们放掉的。"

延伸（伸缩）

伸长手臂是一种简单的技术解决方案，可以让人够到物体，或让膝盖和背部免于受伤。延伸也被应用于耙子、钓鱼竿、垃圾刷和水果采摘器等工具上。

（四）基础材料

为了能简单而快速地外出到院子里或附近的地方进行活动，如果幼儿园有基础材料的储备，那就容易多了。除了像绳索、剪刀、坐垫和口萨杯之类的常用物品之外，这里还有一些低价材料的小建议。

当要展示收集到的材料时，白布可以用作很好的垫物。天然材料在白布上清晰可见，这对于孩子们来说简单明了；布料也很容易获取，从旧床单、浴帘或油布上剪下小块即可。

白布

可以准备一些用于收集材料或存放任务卡的不同种类的袋子。在体育用品商店可以购买到成品袋，也即所谓的旅行分装袋；也可以自己缝制，这样就可以做成幼儿园自己风格的袋子了。

袋子

相较于体积大一些的苔藓和石头，带小隔层的收集箱可以很好地引导孩子们在捡苔藓或石头时去捡起体积小一些的苔藓和石头。大多数情况下，鸡蛋盒是可以使用的免费材料，当然也可以购买塑料盒。

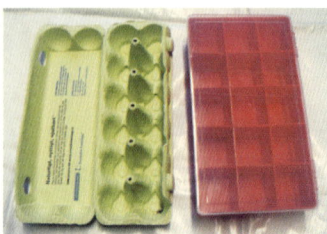

鸡蛋盒，分格塑料盒

当你们在冬天进行捕捞或把水冷冻起来时，塑料方盒是一个合适的选择。

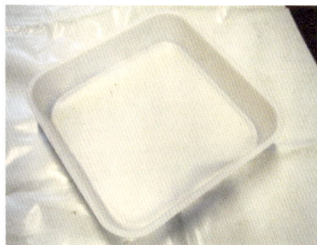

塑料方盒

可以准备一些塑料罐在身边，例如，装酸奶或鲜奶油的包装罐。当孩子们在寻找昆虫，或将收集的材料进行分类时，就可以用上它们了。

塑料罐

准备一些不同种类的放大镜也不错。昆虫观察盒适合研究昆虫，因为昆虫可以停留在放大镜中。在双向观察放大镜中，人们可以同时研究待在放大镜里面的物体的顶部和底部。而当树干或大石头上有令人兴奋的物体时，常规的放大镜使用效果则最好。

放大镜

当要将物件固定在围栏上时，尼龙扎带很有用。

尼龙扎带

在不同的构架工作中，麻线和绳索是必不可少的。

麻线和绳索

手钻对于儿童而言是很好的操作工具。当要钻出不同尺寸的孔时，它们的使用效果很好。

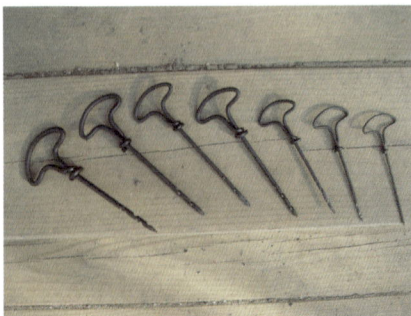

手钻

　　不同尺寸的圆棒总是可以放在手边留以待用的，尤其是在制造带轮的结构时。我们也可以使用支撑花朵生长的那种细棒。

圆棒

　　刀必须有护手挡。如果要确保避免刺伤的情况发生，可以将刀尖锯掉。给最小的小朋友使用的土豆削皮器则是用来尝试削皮这一技术的一种合适的工具。

刀

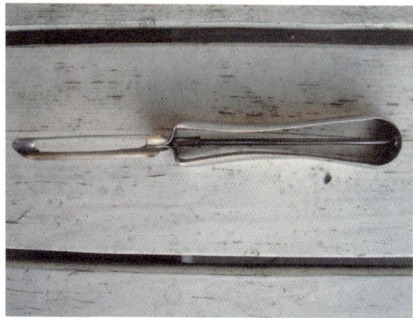

土豆削皮器

　　不同种类的胶带能简化构建的工作。

胶带

不同尺寸的钉子可以提高创意发挥的可能性。

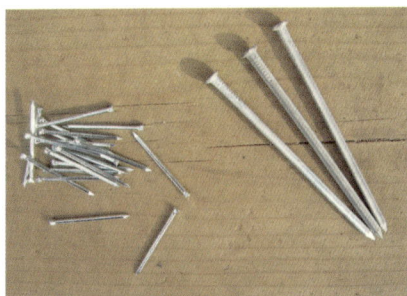

钉子

为了钻孔，我们需要各种类型的钻孔机。它们可以是旧工具，你可以清楚地看到其机械装置或是电池驱动的螺丝刀。你甚至还能买到新的手摇钻。另外我们还需要不同尺寸的钻头。

钻孔机

锯子和锤子对于所有类型的构架来说都是重要的工具。

锯子和锤子

附录一 有成效的问题

一、蒲公英

下面的提问会让孩子们对蒲公英产生好奇心，并吸引着他们去了解蒲公英。当然，还必须要通过老师的肢体语言和参与来加强这些提问的效果。

（一）注意力

——你的蒲公英花是什么颜色的？

——你的蒲公英是否有叶子呢？

——你的蒲公英花闻起来有什么气味？

——你看到的蒲公英花的上面和下面的颜色是否相同呢？

——它的茎秆摸起来触感如何？

（二）测量和计算

——它有几片叶子？

——它的茎秆有多长？

——它的叶子有多长？

——花的直径为多少？

（三）比较

——所有的花看起来相似吗？

——所有的花气味一样吗？

——所有的叶子看起来相似吗？

——所有的叶子尝起来味道一样吗？

——所有的茎秆颜色相同吗？

（四）创造活动

——当我们采花时，蒲公英秆会发生什么？

——如果我们把花铺在一张纸上，会发生什么？

——如果我们往花秆上吹气，会发生什么？

（五）解决问题的活动（假设、研究和结论）

——如果手指上沾上了茎秆的汁液，会发生什么？

——蒲公英花需要什么才能长大？

——它的花期为多长？

——花掉落之后，蒲公英会发生什么？

——当刮风时，蒲公英的种子会发什么？

（六）推理和思考

——蒲公英生长在哪里？

——同一个地方可以长出多少棵蒲公英？

——为什么它的叶子尝起来那么苦？

——为什么它们是黄色的？

——为什么很多人觉得蒲公英是杂草呢？

二、鼠妇

下面的提问会让孩子们对鼠妇产生好奇心，并吸引他们去了解鼠妇。当然，还必须要通过老师的肢体语言和参与度来加强这些提问的效果。

（一）注意力

——鼠妇的前后有什么分别吗？

——鼠妇有哪些颜色？

——鼠妇有触角吗？

——鼠妇有翅膀吗？

——鼠妇的腹部看起来是什么样的？

——当鼠妇在你手上爬行时，你有什么感觉呢？

（二）测量和计算

——鼠妇有多少条腿？

——它有几根触角？

——它的壳是由多少个部分组成的？

——它有多长？

（三）比较

——鼠妇前后看起来相似吗？

——所有鼠妇的背部图案都相同吗？

——所有鼠妇的颜色都相同吗？

——所有鼠妇的大小都一样吗？

——我们能看出雄性鼠妇和雌性鼠妇的区别吗？

（四）创造活动

——如果你把鼠妇翻身，会发生什么？

——如果你在鼠妇前面放一个障碍物，会发生什么？

——两只鼠妇相遇时，会发生什么？

——如果你给鼠妇一片叶子，会发生什么？

（五）问题导向的提问

——鼠妇可以移动得多快？

——鼠妇吃什么？

——鼠妇吃多少？

——鼠妇的粪便看起来如何？

——鼠妇更喜欢光亮还是黑暗的环境？

——鼠妇更喜欢干燥还是潮湿的环境？

（六）推理和思考

——鼠妇有什么天敌？

——鼠妇需要哪些条件才能生活得很好？

——鼠妇冬天时都做些什么？

附录二 树叶和果子

桤木叶

桤木果

榛树叶

榛果

橡树叶

橡果

云杉叶

云杉果

赤松叶

赤松果

小叶椴叶

小叶椴果

山毛榉叶

山毛榉果

桦树叶

桦树果

枫树叶

枫果

白蜡树叶

白蜡果

花楸树叶

花楸果

瑞典白面子树叶

瑞典白面子果

黄花柳叶

黄花柳果

欧洲甜樱桃树叶

欧洲甜樱桃果

欧洲山杨叶

欧洲山杨果

附录三　散步途中的"宾果"游戏

石头

鸟

叶子

苔藓

球果、橡果或榛子

昆虫或蜘蛛

蜗牛或蛞蝓

花

木棒

附录四 公共通行权

以下是人们可以做的事。

——散步、骑自行车和骑马，而且基本可以待在大自然的任意一个角落，但是不能太靠近住宅（房子）。如果你经过一扇栅栏门，打开之后就必须把它关上。

——搭帐篷露营一晚。如果你想要露营更长的时间，则必须获得土地所有者的允许。

——游泳、划船和离船上岸，但不能靠近住宅（房子）。

——采花、采浆果和采蘑菇。

——在海边以及瑞典内陆前五大湖泊（梅拉伦湖、维纳恩湖、韦特恩湖、耶尔马伦湖和耶姆特兰省的斯图尔湖）中用钓鱼竿钓鱼。

——如果你小心一些的话，可以生起一个小火堆。不要直接在岩石上烧火，否则岩石会破裂。最好在有专门生火的地方烧火。夏季时，经常是不允许生火的。请咨询你所在地区的相关规定。

资料来源：www.naturvardsverket.se/allemansratten。

以下是人们不可以做的事。

——你不可以穿过小块私有的空地、花园、种植园或耕地，例如，农地。

——你不可以在大自然中驾驶汽车，骑摩托车或是电动自行车。你也不可以在林间小路、公园小径或是林间跑道上驾驶车辆或是骑车。

——你不可以在天气很干燥或是刮大风时在户外生火，否则火势可能会蔓延开。

——你不可以将树木和灌木丛砍下带走，或是伤害它们。

——你不可以采摘生长在花园、种植地或是农田里的水果、浆果、蔬菜或是其他任何植物。

——不要将垃圾留在原地，或是乱扔垃圾。罐头、玻璃、塑料或是其他的垃圾都可能会伤害到动物和人。

——你不可以追赶、干扰或是伤害动物。偷取鸟蛋、移动动物巢穴或是动物幼崽等行为也是被禁止的。

——你不可以未经许可就在湖泊和河道中钓鱼，但在海边以及瑞典内陆前五大湖泊中，你不需要允许便能使用鱼竿来钓鱼。

——在 3 月 1 日至 8 月 20 日期间，在户外时不可以放任狗自由活动，因为这一期间，自然界的动物们正在孕育幼崽。一只自由乱跑的狗可能会吓到并伤害动物们。所以在户外时，最好是要一直牵着狗。

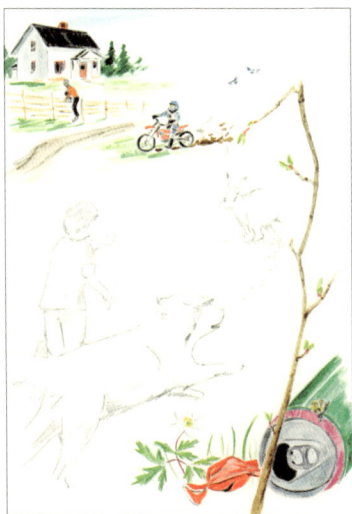

附录五 任务卡片

一、寻找树木

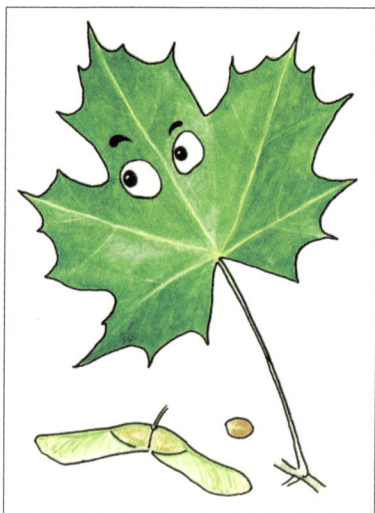

钱烈凤[1]（浅裂的枫叶）

花楸夫妇（成双成对的花楸）

年松（有黏性的松针）

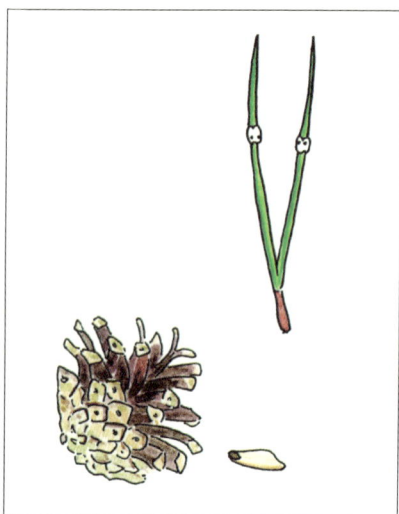

"松"姓双胞胎（松针双胞胎）

---

1. 译者注：原文直译为浅裂的枫叶，为达到拟人效果，在直译的基础上化作人名。

麦凯（有叶脉的凯木）

习柳（细柳）

多叶白拉（多叶的白蜡树）

豆白杨（发抖的白杨叶）

小牙桦（有小牙齿的桦树）

波浪橡（像波浪一样的橡树叶）

华榛（光滑的榛叶）

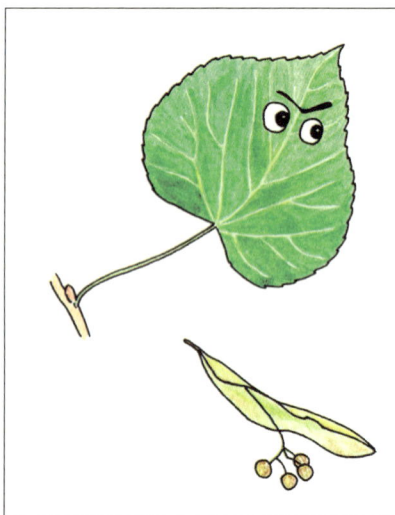

心叶椴（心形小叶椴）

二、寻找鸟巢

（一）喜鹊

　　窝：黏土和植物组织（支根、草和苔藓）制成的巢，置于一棵茂密的云杉、一棵阔叶树或是一个灌木丛中。

　　鸟蛋：产 5 颗鸟蛋，呈蓝绿色，带褐色斑点。

（二）乌鸫

窝：由树叶、苔藓、草秆和支根组成，置于地面上，以树根为防护，或是在树木残骸之类下方的地洞中。

鸟蛋：产5～7颗白灰色的蛋，带有红色斑点。

（三）知更鸟

窝：带有顶部的大鸟巢由黏土、毛发和羽毛制成，置于树上。

鸟蛋：产 5 ～ 8 颗浅灰色的蛋，带黑斑，长 3.5 厘米。

附录六 简单机械

斜面

螺旋

楔子

HJULET

轮子

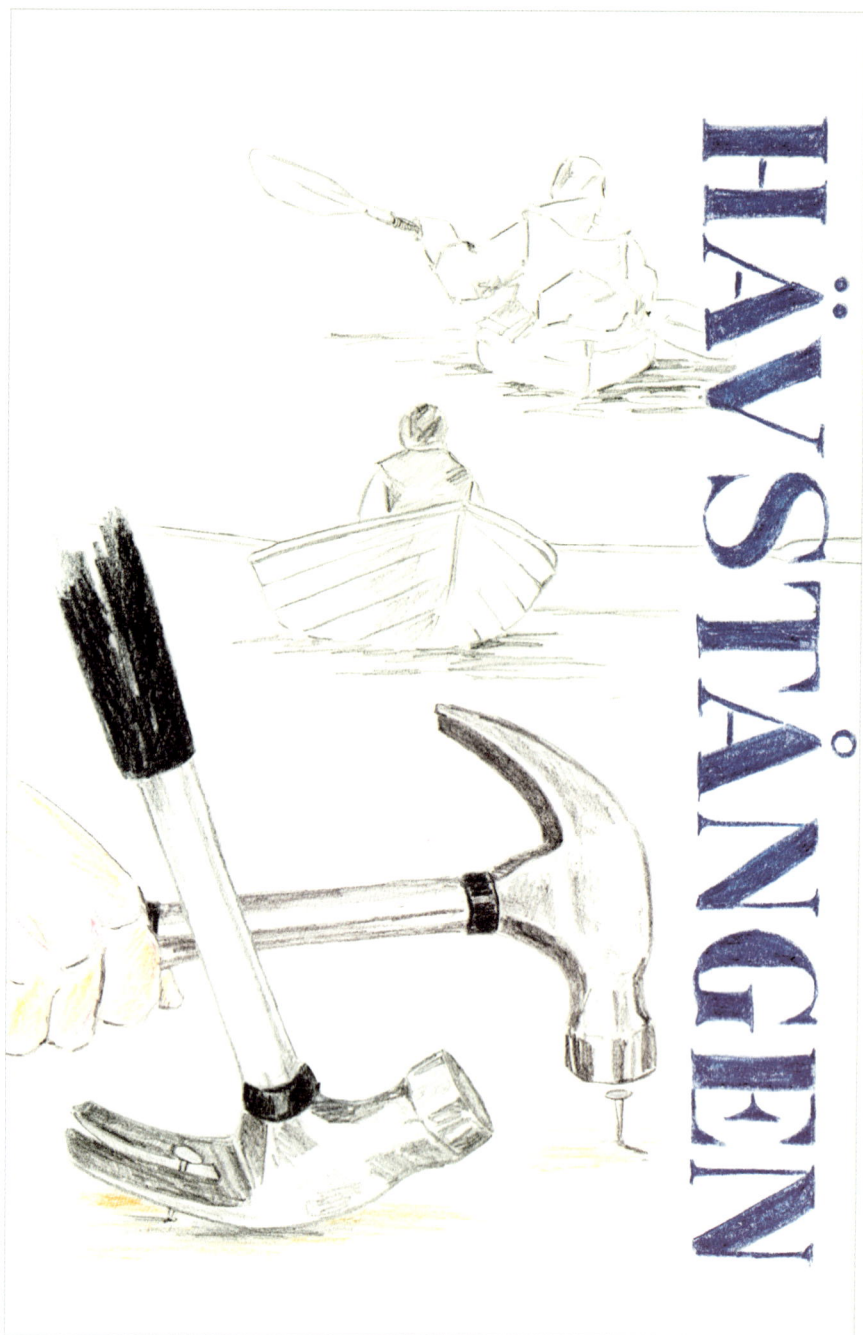

HÄVSTÅNGEN

杠杆

附录七 授粉

胚珠

雌蕊

来自另一朵
花的花粉粒

带有花粉的雄蕊

附录八 光合作用

能量 ENERGI

碳水化合物 KOLHYDRATER

二氧化碳 KOLDIOXID

氧气 SYRE

氧气 SYRE

二氧化碳 KOLDIOXID

水 VATTEN

附录九　感谢灌木柳让我们吃到冰淇淋

附录十 小蓝

污水处理厂

附录十一　地衣的故事